니시오 테츠야가 만든 로직

익히기

28 니시오 테츠야가 만든 로직

익히기

초판 1쇄 발행일 | 2009년 7월 10일
초판 6쇄 발행일 | 2021년 7월 6일

지은이 | 박은정
펴낸이 | 정은영
펴낸곳 | (주)자음과모음

출판등록 | 2001년 11월 28일 제2001-000259호
주　　소 | 04047 서울시 마포구 양화로6길 49
전　　화 | 편집부 (02)324-2347, 경영지원부 (02)325-6047
팩　　스 | 편집부 (02)324-2348, 경영지원부 (02)2648-1311
e-mail | jamoteen@jamobook.com

ISBN 978-89-544-1739-6 (04410)

MATHEMATICS PUZZLE 28

천재들이 만든 수학퍼즐 익히기

박은정(M&G 영재수학연구소) 지음

28 니시오 테츠야가 만든 로직

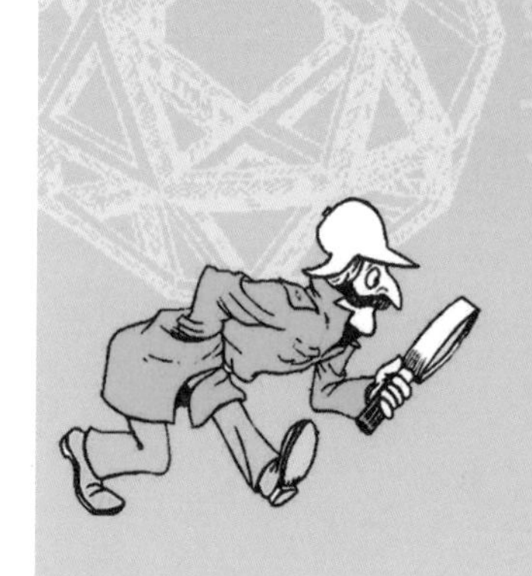

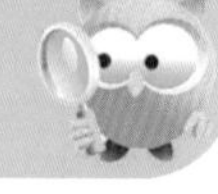

(주)자음과모음

차례

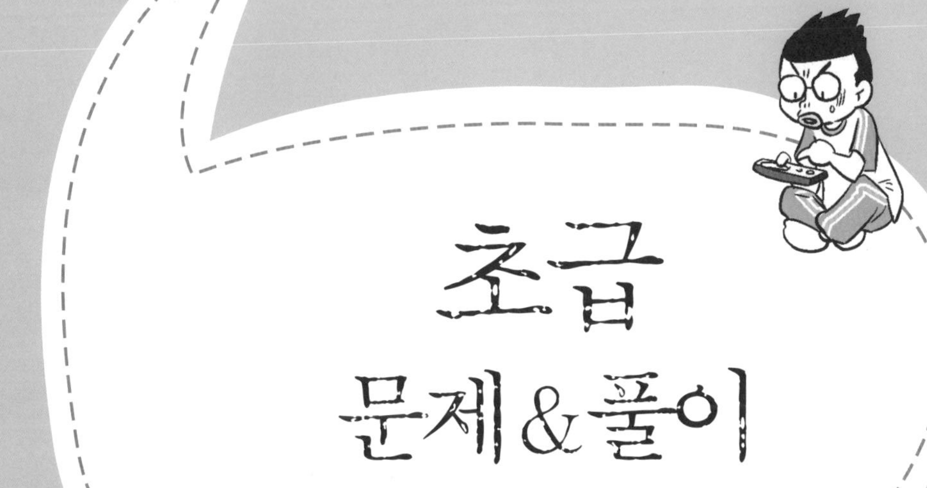

초급 문제&풀이

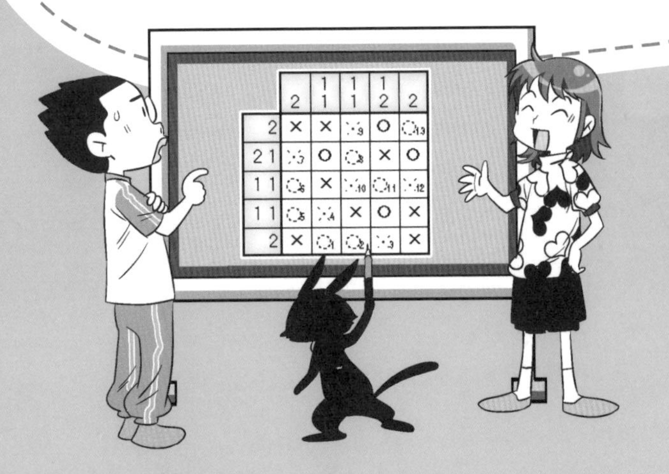

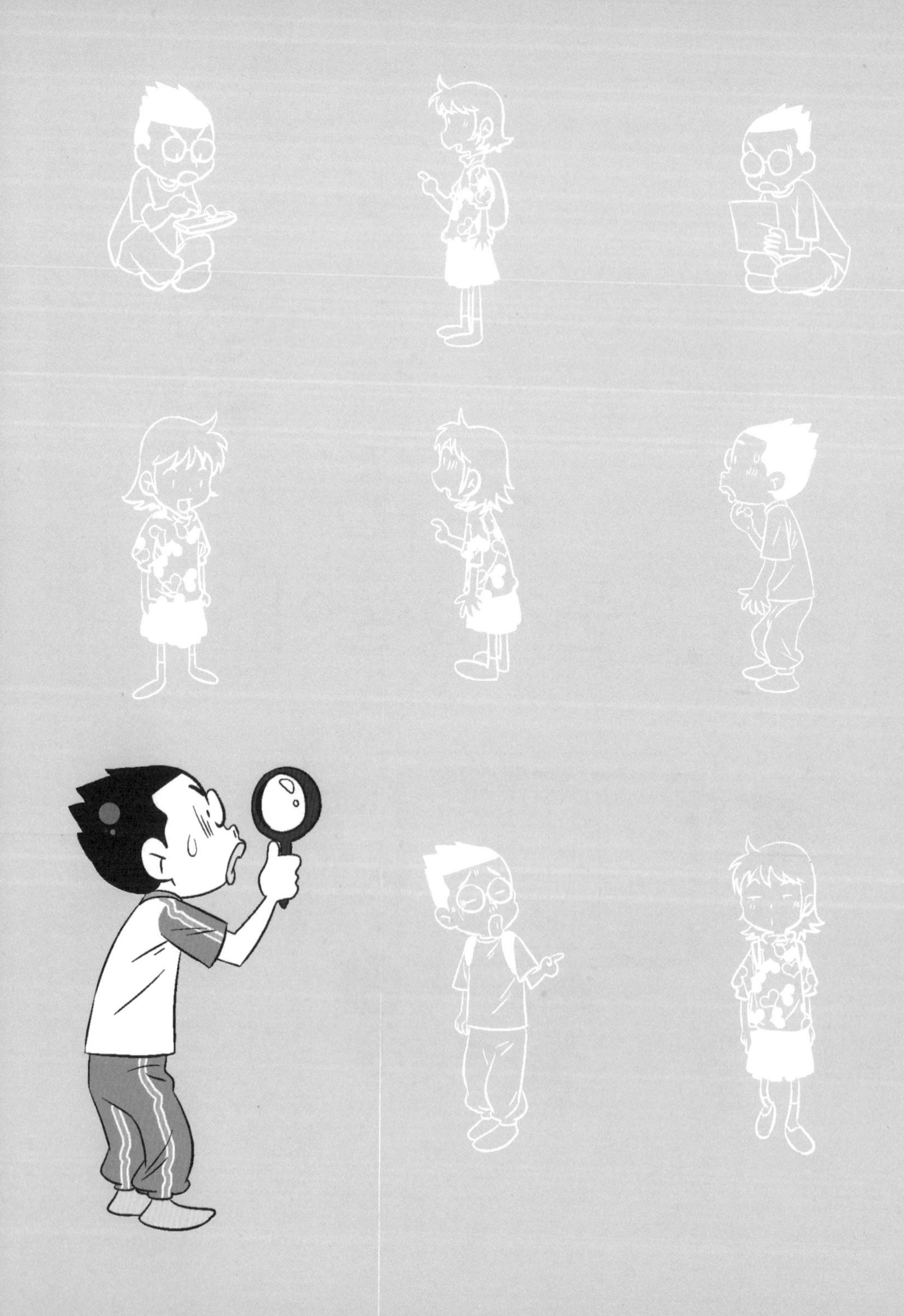

그 줄에 있는 나비의 수를 삼각형 안에 써 넣으시오.

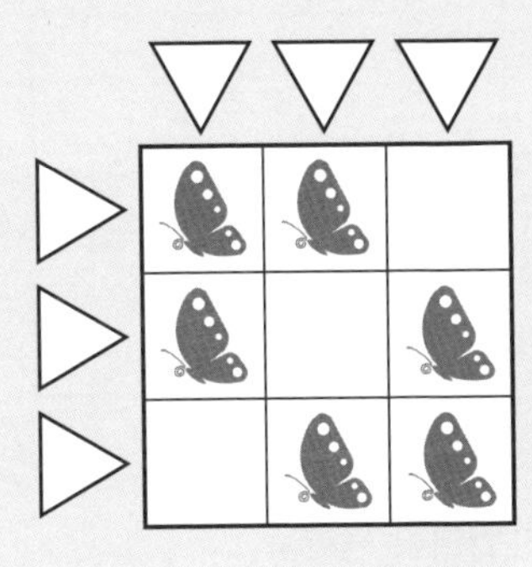

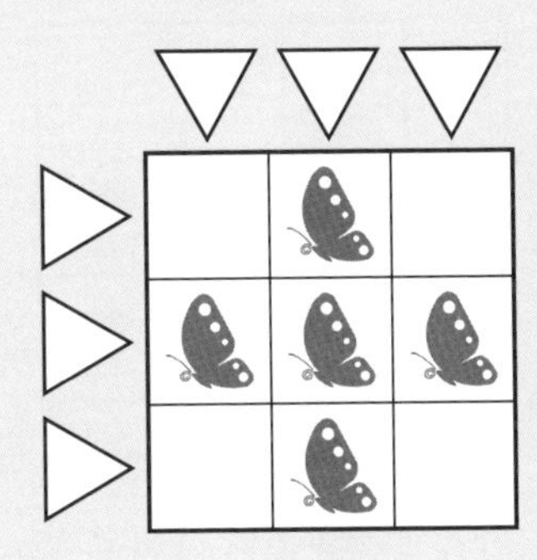

A.

정답

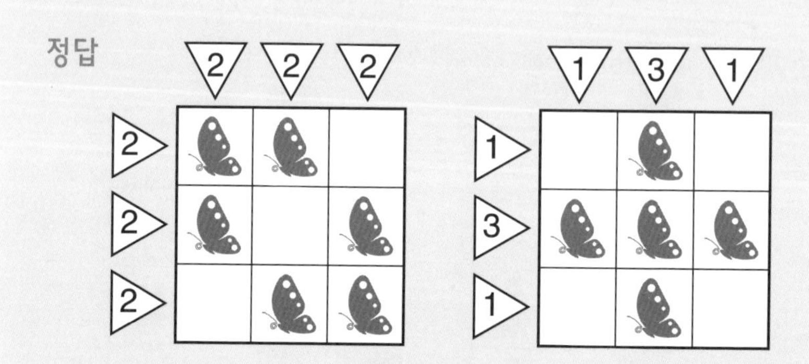

풀이 빈칸에 상관없이 나비 수를 세면 됩니다.

그 줄에 있는 나비의 수를 삼각형 안에 써 넣으시오.

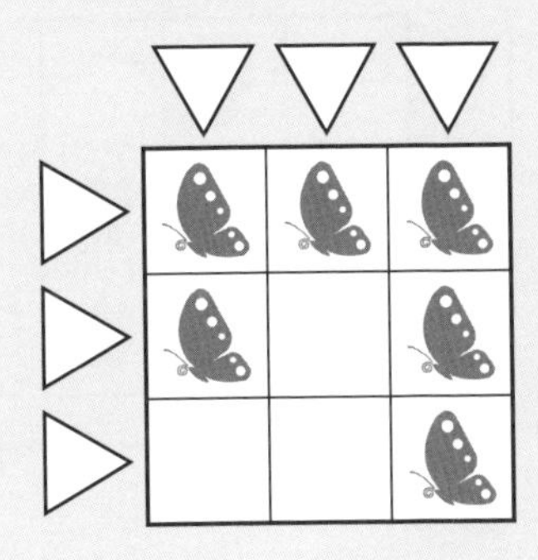

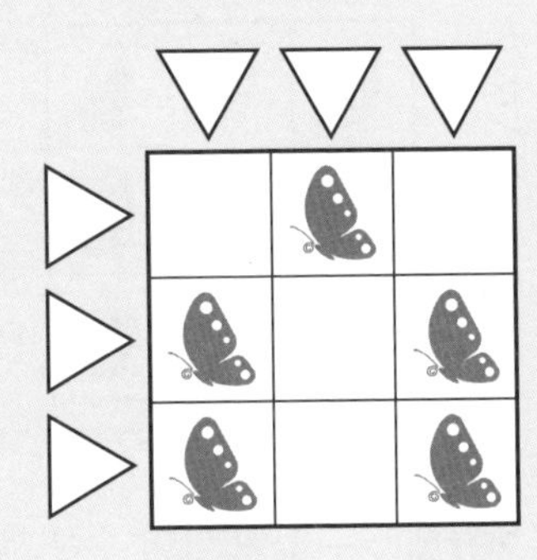

A.

정답

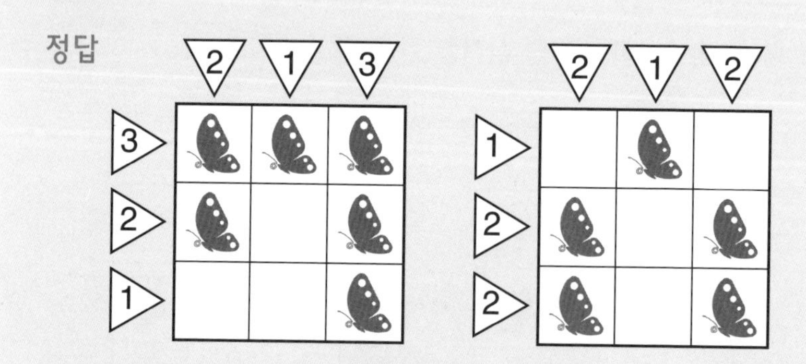

풀이 빈칸에 상관없이 나비 수를 세면 됩니다.

그 줄에 있는 나비의 수를 삼각형 안에 써 넣으시오.

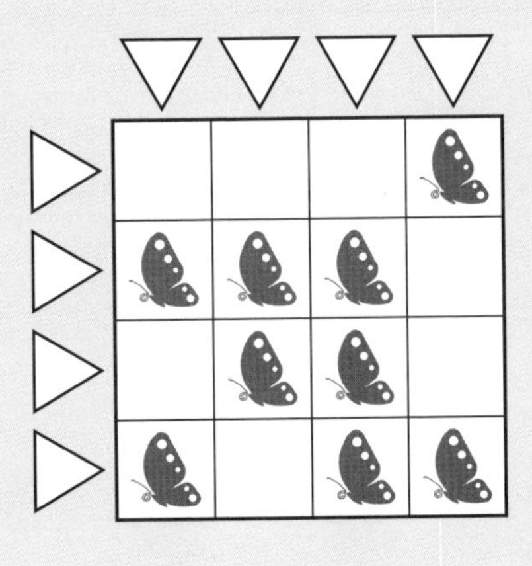

A.

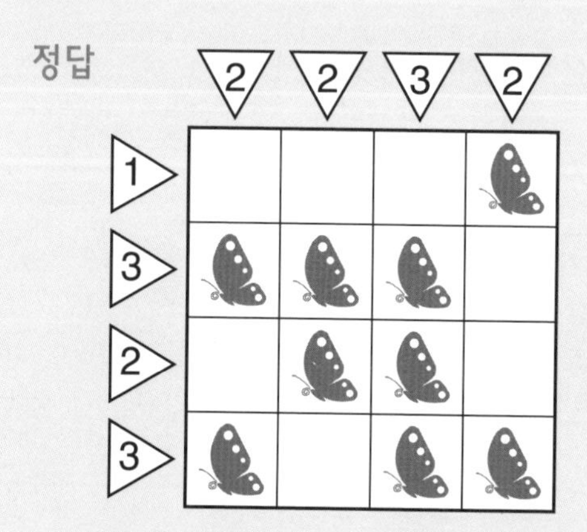

풀이 빈칸에 상관없이 나비 수를 세면 됩니다.

[문제 4] - 2교시

그 줄에 있는 나비의 수를 삼각형 안에 써 넣으시오.

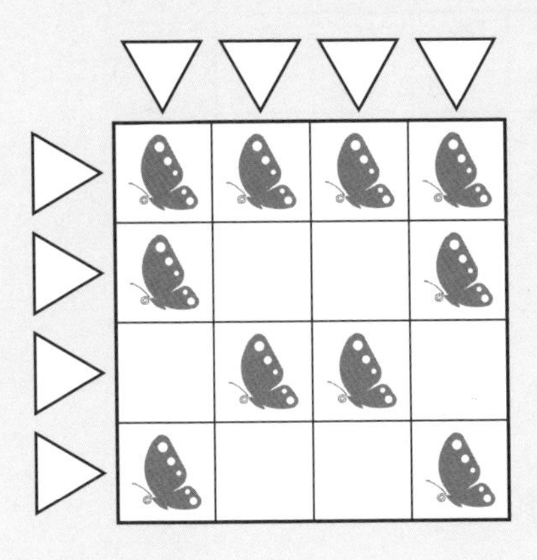

A.

정답

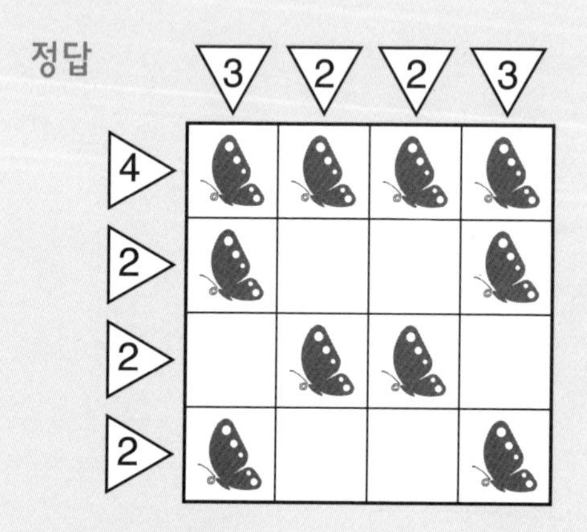

풀이 빈칸에 상관없이 나비 수를 세면 됩니다.

[문제 5] - 2교시

삼각형 안의 수는 그 줄에 있는 참새의 수입니다. 숫자에 맞게 참새를 그려 넣으시오.

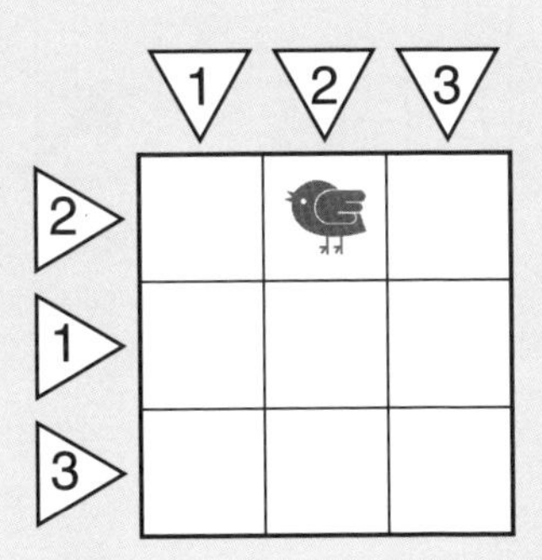

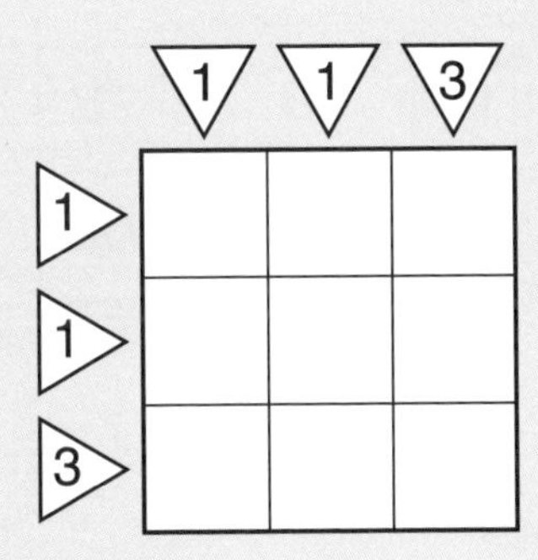

A.

풀이 5

정답

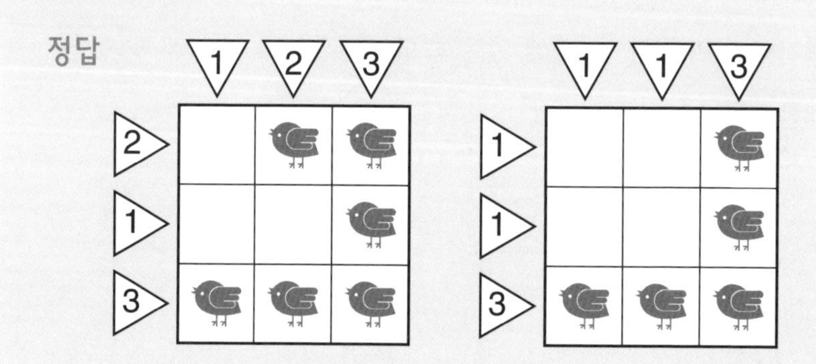

풀이 힌트 3이 있는 줄을 먼저 합니다.

[문제 6] - 2교시

삼각형 안의 수는 그 줄에 있는 참새의 수입니다. 숫자에 맞게 참새를 그려 넣으시오.

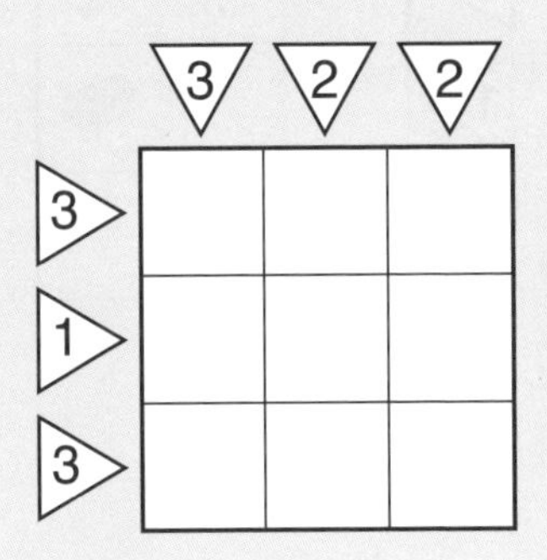

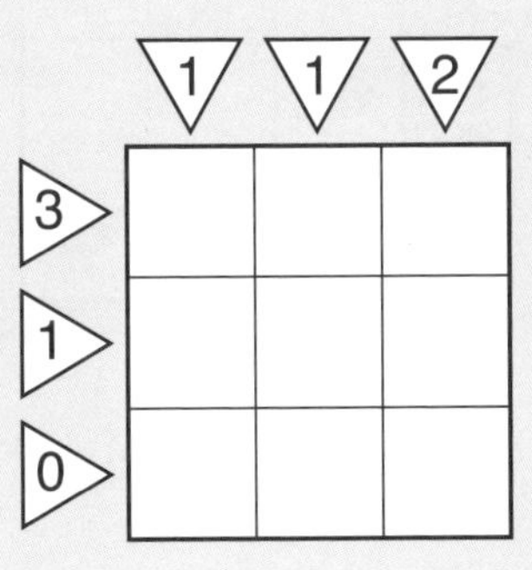

A.

정답

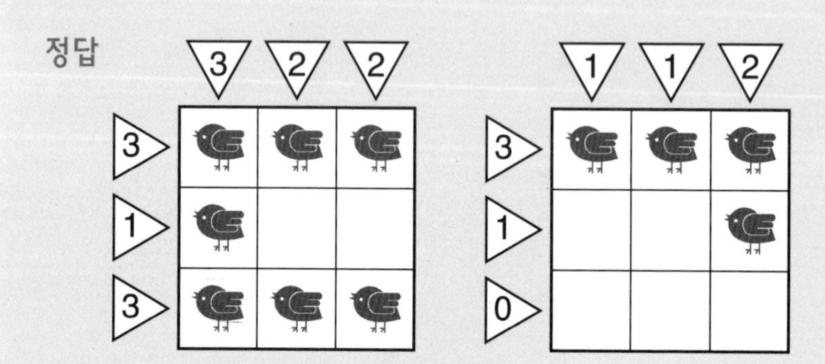

풀이 힌트 3이 있는 줄을 먼저 합니다.

[문제 7] – 2교시

삼각형 안의 수는 그 줄에 있는 참새의 수입니다. 숫자에 맞게 참새를 그려 넣으시오.

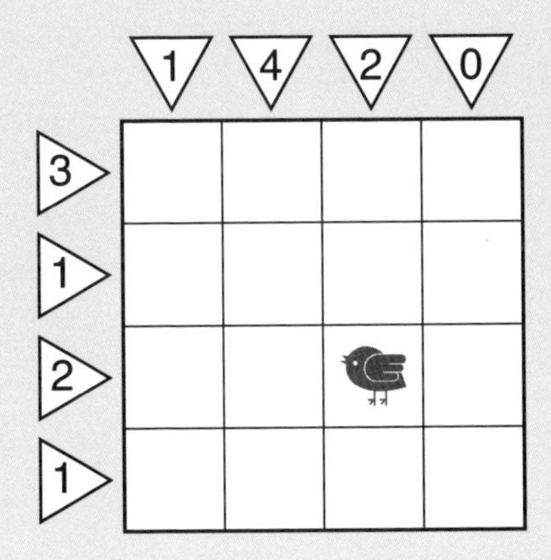

A.

정답

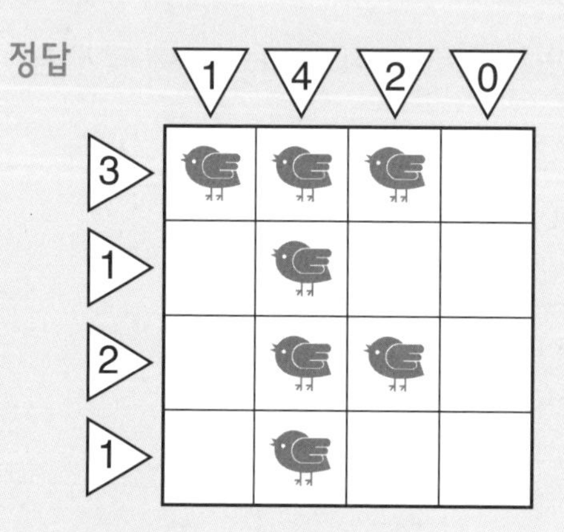

풀이 힌트 4나 힌트 0을 먼저 합니다.

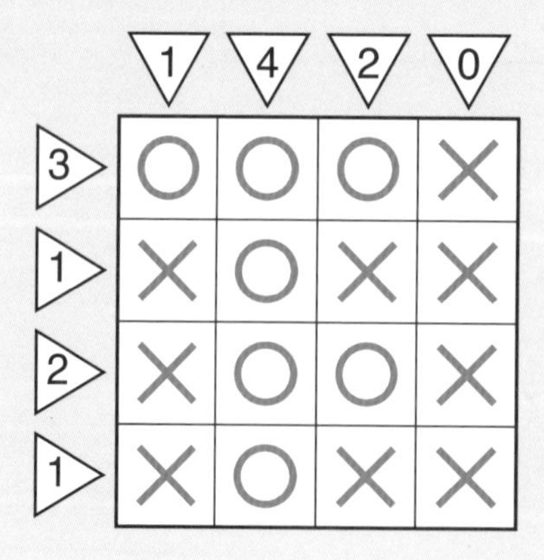

[문제 8] - 2교시

삼각형 안의 수는 그 줄에 있는 참새의 수입니다. 숫자에 맞게 참새를 그려 넣으시오.

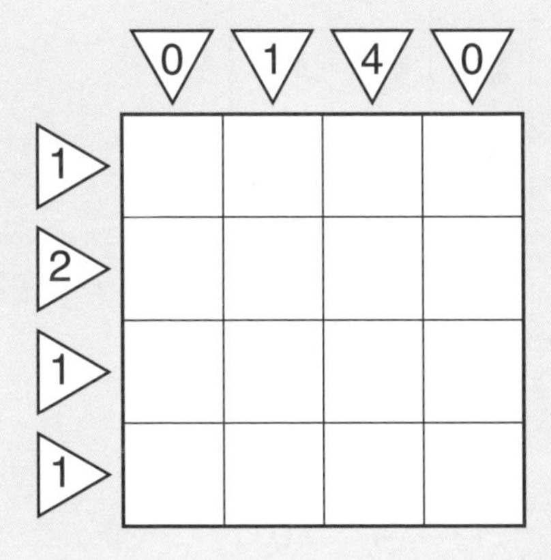

A.

정답

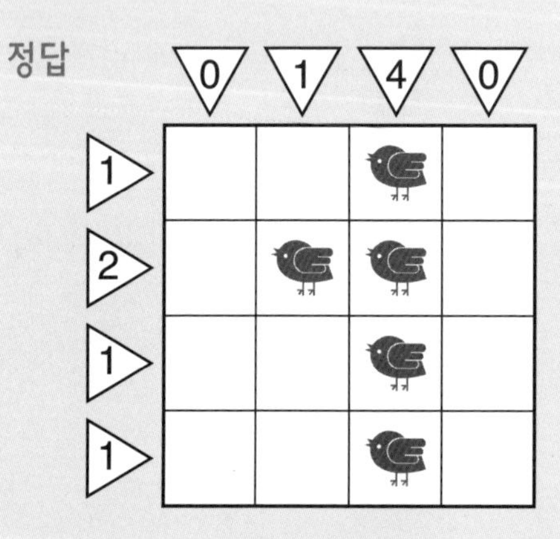

풀이 힌트 4나 힌트 0을 먼저 합니다.

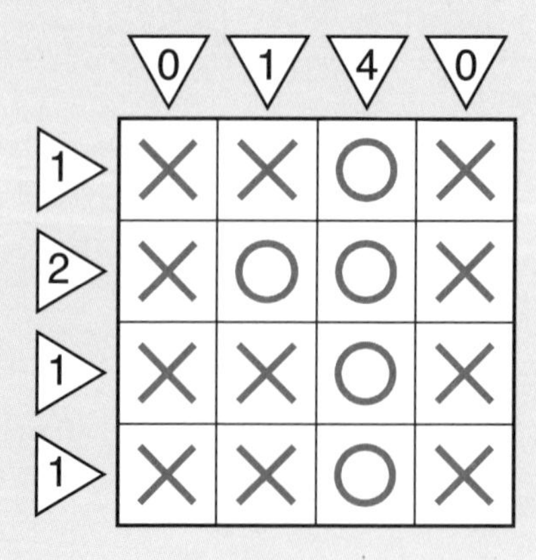

[문제 9] - 3교시

그 줄에 해당하는 구슬의 개수를 세어 로직 힌트난을 채워 보시오. 한 칸 이상 떨어져 있는 경우는 숫자를 따로 씁니다.

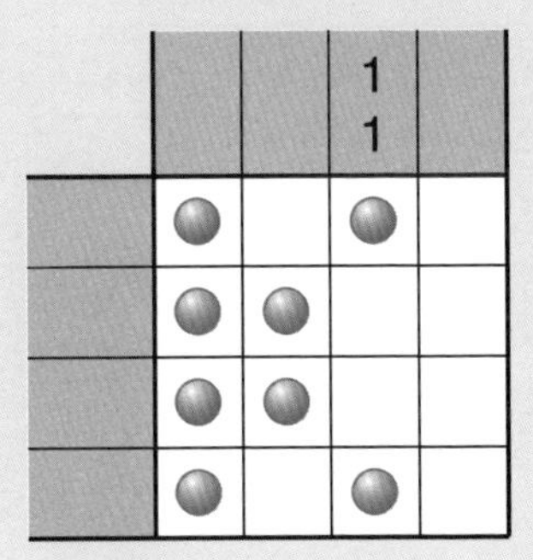

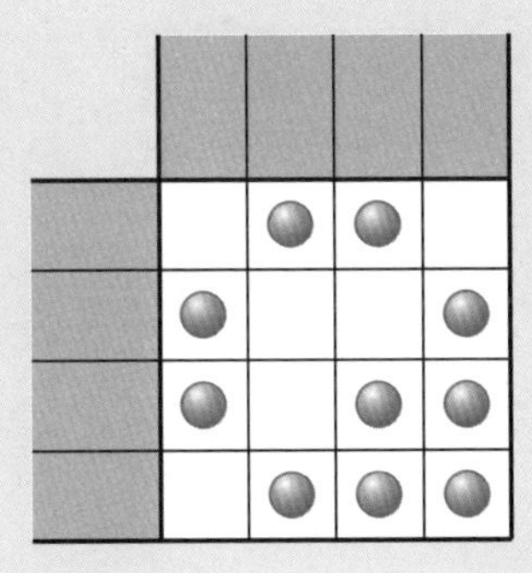

정답

	4	2	1 1	0
1 1	●		●	
2	●	●		
2	●	●		
1 1	●		●	

	2	1 1	1 2	3
2		●	●	
1 1	●			●
1 2	●		●	●
3		●	●	●

[문제 10] - 3교시

그 줄에 해당하는 구슬의 개수를 세어 로직 힌트난을 채워 보시오. 한 칸 이상 떨어져 있는 경우는 숫자를 따로 씁니다.

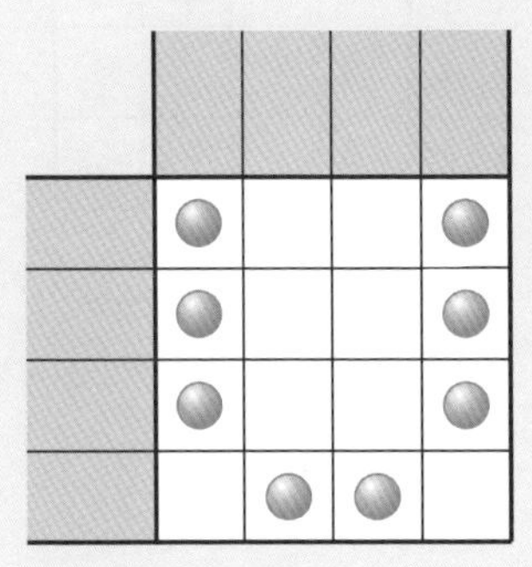

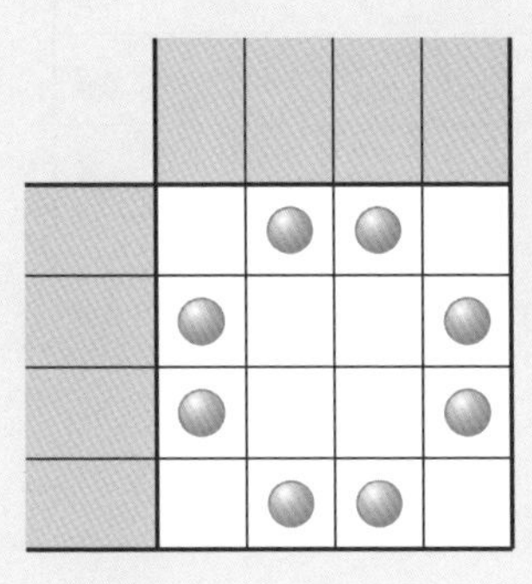

정답

	3	1	1	3
1 1	●			●
1 1	●			●
1 1	●			●
2		●	●	

	2	1 1	1 1	2
2		●	●	
1 1	●			●
1 1	●			●
2		●	●	

[문제 11] – 3교시

그 줄에 해당하는 구슬의 개수를 세어 로직 힌트난을 채워 보시오. 한 칸 이상 떨어져 있는 경우는 숫자를 따로 씁니다.

		1 1 1			
		●	●	●	●
	●				
	●	●	●	●	●
					●
	●	●	●	●	●

정답

	2 1	1 1 1	1 1 1	1 1 1	1 3
4		●	●	●	●
1	●				
5	●	●	●	●	●
1					●
5	●	●	●	●	●

[문제 12] - 3교시

그 줄에 해당하는 구슬의 개수를 세어 로직 힌트난을 채워 보시오. 한 칸 이상 떨어져 있는 경우는 숫자를 따로 씁니다.

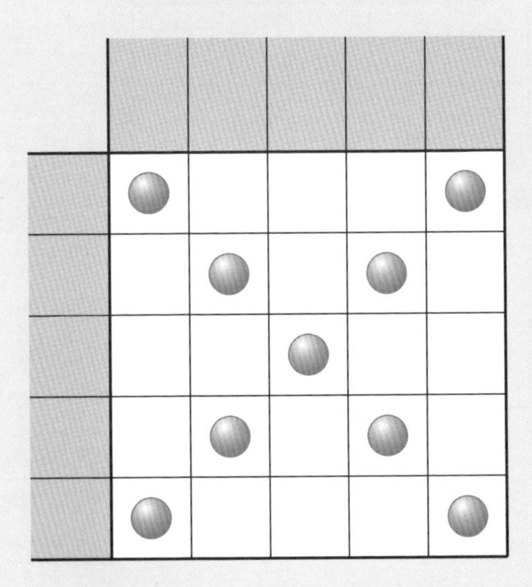

정답

	1 1	1 1	1	1 1	1 1
1 1	●				●
1 1		●		●	
1			●		
1 1		●		●	
1 1	●				●

[문제 13] - 3교시

위쪽과 왼쪽의 숫자 힌트를 보고 알맞게 색칠해 보시오. 숫자가 두 개인 것은 사이에 한 칸 이상 떨어져 있다는 뜻입니다.

〈I LIKE LOGIC!〉

	1 1	4	1 1	0
3				
1				
1				
3				

정답

	1 1	4	1 1	0
3	■	■	■	
1		■		
1		■		
3	■	■	■	

풀이

	1 1	4	1 1	0
3	○	○	○	×
1	×	○	×	×
1	×	○	×	×
3	○	○	○	×

[문제 14] - 3교시

위쪽과 왼쪽의 숫자 힌트를 보고 알맞게 색칠해 보시오. 숫자가 두 개인 것은 사이에 한 칸 이상 떨어져 있다는 뜻입니다.

〈I LIKE LOGIC!〉

	4	1	0	4
1 1				
1 1				
1 1				
2 1				

정답

	4	1	0	4
1 1	■	□	□	■
1 1	■	□	□	■
1 1	■	□	□	■
2 1	■	■	□	■

풀이

	4	1	0	4
1 1	○	×	×	○
1 1	○	×	×	○
1 1	○	×	×	○
2 1	○	○	×	○

[문제 15] - 3교시

위쪽과 왼쪽의 숫자 힌트를 보고 알맞게 색칠해 보시오. 숫자가 두 개인 것은 사이에 한 칸 이상 떨어져 있다는 뜻입니다.

〈I LIKE LOGIC!〉

	4	2	1 1	0
1 1				
2				
2				
1 1				

정답

	4	2	1 1	0
1 1	■		■	
2	■	■		
2	■	■		
1 1	■		■	

풀이

	4	2	1 1	0
1 1	○	×	○	×
2	○	○	×	×
2	○	○	×	×
1 1	○	×	○	×

[문제 16] – 3교시

위쪽과 왼쪽의 숫자 힌트를 보고 알맞게 색칠해 보시오. 숫자가 두 개인 것은 사이에 한 칸 이상 떨어져 있다는 뜻입니다.

〈I LIKE LOGIC!〉

	3	1 1 1	1 1 1	1 1 1	0
3					
1					
4					
1					
3					

정답

	3	1 1 1	1 1 1	1 1 1	0
3		■	■	■	
1	■				
4	■	■	■	■	
1	■				
3		■	■	■	

풀이 0 다음 세로 1 1 1은 1+(빈칸 1)+1+(빈칸 1)+1=5 꽉 찬 힌트이므로 먼저 표시할 수 있습니다.

	3	1 1 1	1 1 1	1 1 1	0
3		○	○	○	×
1		×	×	×	×
4		○	○	○	×
1		×	×	×	×
3		○	○	○	×

위쪽과 왼쪽의 숫자 힌트를 보고 알맞게 색칠해 보시오. 숫자가 두 개인 것은 사이에 한 칸 이상 떨어져 있다는 뜻입니다.

〈I LIKE LOGIC!〉

				1	
	4	1	2	1	2
1 1					
1 1 1					
1 1 1					
2 1					

정답

	4	1	2	1 1	2
1 1	■			■	
1 1 1	■		■		■
1 1 1	■		■		■
2 1	■	■		■	

풀이 4 다음 가로 1 1 1은 1+(빈칸 1)+1+(빈칸 1)+1=5 꽉 찬 힌트이므로 확정하여 표시할 수 있습니다.

	4	1	2	1 1	2
1 1	○	×			
1 1 1	○	×	○	×	○
1 1 1	○	×	○	×	○
2 1	○	○	×		

[문제 18] - 3교시

위쪽과 왼쪽의 숫자 힌트를 보고 알맞게 색칠해 보시오. 숫자가 두 개인 것은 사이에 한 칸 이상 떨어져 있다는 뜻입니다.

〈I LIKE LOGIC!〉

	3	1 1	1 1 1	1 3	2
3					
1					
1 3					
1 2					
3					

정답

	3	1 1	1 1 1	1 3	2
3		■	■	■	
1	■				
1 3	■		■	■	■
1 2	■			■	■
3		■	■	■	

풀이 1 3과 1 1 1은 꽉 찬 힌트이므로 먼저 체크하고 다음은 1 2의 2가 확실하므로 ○표시를 하면 풀립니다.

	3	1 1	1 1 1	1 3	2
3			○	○	
1			×	×	
1 3	○	×	○	○	○
1 2			×	○	
3			○	○	

[문제 19] - 3교시

위쪽과 왼쪽의 숫자 힌트를 보고 알맞게 색칠해 보시오. 숫자가 두 개인 것은 사이에 한 칸 이상 떨어져 있다는 뜻입니다.

〈I LIKE LOGIC!〉

	4	2	1 1	1 1
1 2				
2				
2				
1 2				

정답

	4	2	1 1	1 1
1 2	■	□	■	■
2	■	■	□	□
2	■	■	□	□
1 2	■	□	■	■

풀이 힌트 4를 먼저 하면, 가로줄 왼쪽 힌트부터 쉽게 풀립니다.

	4	2	1 1	1 1
1 2	○	×	○	○
2	○	○	×	×
2	○	○	×	×
1 2	○	×	○	○

[문제 20] - 3교시

위쪽과 왼쪽의 숫자 힌트에 맞게 색칠하여 보시오. 3은 세 칸을 연속 해서 색칠해야 한다는 뜻이며 1 2와 같이 숫자가 두 개 이상인 것은 한 칸과 두 칸 칠해진 사이가 한 칸 이상 떨어져 있다는 뜻입니다.

〈Television을 줄이면 무엇이 될까요?〉

	1	5	1	4	1	4
4 1						
1 1 1						
1 1 1						
1 1 1						
1 1						

정답 TV

	1	5	1	4	1	4
4 1	■	■	■	■		■
1 1 1		■		■		■
1 1 1		■		■		■
1 1 1		■		■		■
1 1		■			■	

[문제 21] - 3교시

위쪽과 왼쪽의 숫자 힌트에 맞게 색칠하여 보시오. 3은 세 칸을 연속 해서 색칠해야 한다는 뜻이며 1 2와 같이 숫자가 두 개 이상인 것은 한 칸과 두 칸 칠해진 사이가 한 칸 이상 떨어져 있다는 뜻입니다.

〈좋아! 영어로 뭐라고 할까요?〉

		1	1				1
	2	1	1	2	4	2	1
2 1 1							
1 3							
1 3							
2 1 1							

정답 OK

	2	1 1	1 1	2	4	2	1 1
2 1 1		■	■		■		■
1 3	■			■	■	■	
1 3	■			■	■	■	
2 1 1		■	■		■		■

[문제 22] - 3교시

위쪽과 왼쪽의 숫자 힌트에 맞게 색칠하여 보시오. 3은 세 칸을 연속해서 색칠해야 한다는 뜻이며 1 2와 같이 숫자가 두 개 이상인 것은 한 칸과 두 칸 칠해진 사이가 한 칸 이상 떨어져 있다는 뜻입니다.

〈남자 이름 앞에는 무엇이 붙나요?〉

	5	1	1	1	5	0	3	1	1	0
1 1										
2 2										
1 1 1 1 1										
1 1 2										
1 1 1										

정답 Mr.

	5	1	1	1	5	0	3	1	1	0
1 1	■				■					
2 2	■	■		■	■					
1 1 1 1 1	■		■		■		■		■	
1 1 2	■				■		■	■		
1 1 1	■				■		■			

[문제 23] - 3교시

위쪽과 왼쪽의 숫자 힌트에 맞게 색칠하여 보시오. 3은 세 칸을 연속해서 색칠해야 한다는 뜻이며 1 2와 같이 숫자가 두 개 이상인 것은 한 칸과 두 칸 칠해진 사이가 한 칸 이상 떨어져 있다는 뜻입니다.

〈요즘은 자기 OO 시대〉

	6	1 1	1 1	2	0	6	1 1	1 1	2 2	0
3 3										
1 1 1 1										
1 1 1 1										
3 3										
1 1 1										
1 1 1										

정답 PR

	6	1 1	1 1	2	0	6	1 1	1 1	2 2	0
3 3	■	■	■			■	■	■		
1 1 1 1	■			■		■			■	
1 1 1 1	■			■		■			■	
3 3	■	■	■			■	■	■		
1 1 1	■					■			■	
1 1 1	■					■			■	

[문제 24] - 3교시

위쪽과 왼쪽의 숫자 힌트에 맞게 색칠하여 보시오. 3은 세 칸을 연속해서 색칠해야 한다는 뜻이며 1 2와 같이 숫자가 두 개 이상인 것은 한 칸과 두 칸 칠해진 사이가 한 칸 이상 떨어져 있다는 뜻입니다.

〈배에서 신호가 오면 찾아갑니다〉

	3	1	3	1	3	0	4	1 1	1 1	0
0										
1 1 1 3										
1 1 1 1										
1 1 1 1										
1 1 3										

정답 WC

	3	1	3	1	3	0	4	1 1	1 1	0
0										
1 1 1 3	■		■		■		■	■	■	
1 1 1 1	■		■		■		■			
1 1 1 1	■		■		■		■			
1 1 3		■		■			■	■	■	

[문제 25] - 3교시

위쪽과 왼쪽의 숫자 힌트에 맞게 색칠하여 보시오. 3은 세 칸을 연속해서 색칠해야 한다는 뜻이며 1 2와 같이 숫자가 두 개 이상인 것은 한 칸과 두 칸 칠해진 사이가 한 칸 이상 떨어져 있다는 뜻입니다.

〈모두가 Yes라고 말할 때 나는 …〉

	5	1	1	1	5	0	2	1 1	3	0
1 1										
2 1										
1 1 1 2										
1 2 1 1										
1 1 3										

정답 No

	5	1	1	1	5	0	2	1 1	3	0
1 1	■				■					
2 1	■	■			■					
1 1 1 2	■		■		■			■	■	
1 2 1 1	■			■	■		■		■	
1 1 3	■				■		■	■	■	

[문제 26] - 3교시

위쪽과 왼쪽의 숫자 힌트에 맞게 색칠하여 보시오. 3은 세 칸을 연속해서 색칠해야 한다는 뜻이며 1 2와 같이 숫자가 두 개 이상인 것은 한 칸과 두 칸 칠해진 사이가 한 칸 이상 떨어져 있다는 뜻입니다.

〈Disc Jockey를 줄이면?〉

	5	1 1	1 1	3	0	1 2	1 1	5	1	0
3 4										
1 1 1										
1 1 1										
1 1 1 1										
3 3										

정답 DJ

	5	1 1	1 1	3	0	1 2	1 1	5	1	0
3 4	■	■	■			■	■	■	■	
1 1 1	■			■				■		
1 1 1	■			■				■		
1 1 1 1	■			■		■		■		
3 3	■	■	■			■	■	■		

[문제 27] - 3교시

위쪽과 왼쪽의 숫자 힌트에 맞게 색칠하여 보시오. 3은 세 칸을 연속해서 색칠해야 한다는 뜻이며 1 2와 같이 숫자가 두 개 이상인 것은 한 칸과 두 칸 칠해진 사이가 한 칸 이상 떨어져 있다는 뜻입니다.

〈달과 어울리는 영어 단어〉

	3 1	1 3	0	3	1	3	0	3	1	3
2										
1										
2 1 1 3										
1 1 1 1 1										
2 3 1 1										

정답 Sun

	3 1	1 3	0	3	1	3	0	3	1	3
2	■	■								
1	■									
2 1 1 3	■	■		■		■		■	■	■
1 1 1 1 1		■		■		■		■		■
2 3 1 1	■	■		■	■	■		■		■

[문제 28] - 3교시

위쪽과 왼쪽의 숫자 힌트에 맞게 색칠하여 보시오. 3은 세 칸을 연속 해서 색칠해야 한다는 뜻이며 1 2와 같이 숫자가 두 개 이상인 것은 한 칸과 두 칸 칠해진 사이가 한 칸 이상 떨어져 있다는 뜻입니다.

〈사자를 보려면 어디로?〉

	1 2	1 1 1	2 1	1 1	2	1 1	3	2	1 1	3
4										
1										
1 2 2										
1 1 2 1										
10										

정답 Zoo

	1 2	1 1 1	2 1	1 1	2	1 1	3	2	1 1	3
4										
1										
1 2 2										
1 1 2 1										
10										

[문제 29] - 3교시

위쪽과 왼쪽의 숫자 힌트에 맞게 색칠하여 보시오. 3은 세 칸을 연속 해서 색칠해야 한다는 뜻이며 1 2와 같이 숫자가 두 개 이상인 것은 한 칸과 두 칸 칠해진 사이가 한 칸 이상 떨어져 있다는 뜻입니다.

〈I'm so~♬〉

	5	1	5	0	3	1 1	2	1	4	1 1
1 1										
1 1 1										
3 2 3										
1 1 1 1 1										
1 1 3 2										

정답 Hot

	5	1	5	0	3	1 1	2	1	4	1 1
1 1	■		■							
1 1 1	■		■						■	
3 2 3	■	■	■		■	■		■	■	■
1 1 1 1 1	■		■		■		■		■	
1 1 3 2	■		■		■	■	■		■	■

[문제 30] - 3교시

위쪽과 왼쪽의 숫자 힌트에 맞게 색칠하여 보시오. 3은 세 칸을 연속해서 색칠해야 한다는 뜻이며 1 2와 같이 숫자가 두 개 이상인 것은 한 칸과 두 칸 칠해진 사이가 한 칸 이상 떨어져 있다는 뜻입니다.

〈○○○ 세수하면 엄마한테 혼나요〉

	4	1 1	1 1	2	1 1 1	4	1	1	4	1 1
2 1										
1 1 1										
1 3 3										
1 1 1 1										
3 3 2										

정답 cat

	4	1 1	1 1	2	1 1 1	4	1	1	4	1 1
2 1										
1 1 1										
1 3 3										
1 1 1 1										
3 3 2										

[문제 31] - 3교시

위쪽과 왼쪽의 숫자 힌트에 맞게 색칠하여 보시오. 3은 세 칸을 연속해서 색칠해야 한다는 뜻이며 1 2와 같이 숫자가 두 개 이상인 것은 한 칸과 두 칸 칠해진 사이가 한 칸 이상 떨어져 있다는 뜻입니다.

〈핫도그는 이게 아니에요〉

	3	1 1	5	2	1 1	3	2	1 1 1	5
1									
1									
3 2 2									
1 2 2 1									
9									
1									
2									

정답 dog

	3	1 1	5	2	1 1	3	2	1 1 1	5
1			■						
1			■						
3 2 2	■	■	■		■	■		■	■
1 2 2 1	■		■	■		■	■		■
9	■	■	■	■	■	■	■	■	■
1									■
2								■	■

[문제 32] - 3교시

위쪽과 왼쪽의 숫자 힌트에 맞게 색칠하여 보시오. 3은 세 칸을 연속해서 색칠해야 한다는 뜻이며 1 2와 같이 숫자가 두 개 이상인 것은 한 칸과 두 칸 칠해진 사이가 한 칸 이상 떨어져 있다는 뜻입니다.

〈small과 반대〉

	5	1 1	3	0	1 3	0	3	1 1 1	5	0
1 1										
1										
3 1 3										
1 1 1 1 1										
3 1 3										
1										
2										

정답 big

	5	1 1	3	0	1 3	0	3	1 1 1	5	0
1 1	■				■					
1	■									
3 1 3	■	■	■		■		■	■	■	
1 1 1 1 1	■		■		■		■		■	
3 1 3	■	■	■		■		■	■	■	
1									■	
2								■	■	

[문제 33] - 3교시

위쪽과 왼쪽의 숫자 힌트에 맞게 색칠하여 보시오. 3은 세 칸을 연속해서 색칠해야 한다는 뜻이며 1 2와 같이 숫자가 두 개 이상인 것은 한 칸과 두 칸 칠해진 사이가 한 칸 이상 떨어져 있다는 뜻입니다.

〈boy와 반대〉

	3	1 1 1	5	0	1 3	0	3	1	0	5
1 1										
1										
3 1 2 1										
1 1 1 1 1										
3 1 1 1										
1										
2										

풀이 33

정답 girl

	3	1 1 1	5	0	1 3	0	3	1	0	5
1 1					■					■
1										■
3 1 2 1	■	■	■		■		■	■		■
1 1 1 1 1	■		■		■		■			■
3 1 1 1	■	■	■		■		■			■
1			■							
2		■	■							

[문제 34] - 3교시

위쪽과 왼쪽의 숫자 힌트에 맞게 색칠하여 보시오. 3은 세 칸을 연속해서 색칠해야 한다는 뜻이며 1 2와 같이 숫자가 두 개 이상인 것은 한 칸과 두 칸 칠해진 사이가 한 칸 이상 떨어져 있다는 뜻입니다.

〈장난감을 영어로〉

	1	4	1 1	2	1 1	3	0	3	2	3
1										
3 2 1 1										
1 1 1 1 1										
5 3										
1										

정답 toy

	1	4	1 1	2	1 1	3	0	3	2	3
1		■								
3 2 1 1	■	■	■		■	■		■		■
1 1 1 1 1		■		■		■		■		■
5 3		■	■	■	■	■		■	■	■
1									■	

[문제 35] - 3교시

위쪽과 왼쪽의 숫자 힌트에 맞게 색칠하여 보시오. 3은 세 칸을 연속해서 색칠해야 한다는 뜻이며 1 2와 같이 숫자가 두 개 이상인 것은 한 칸과 두 칸 칠해진 사이가 한 칸 이상 떨어져 있다는 뜻입니다.

〈인형을 영어로〉

	3	1 1	5	2	1 1	3	0	5	0	5
1 1 1										
1 1 1										
3 2 1 1										
1 2 1 1 1										
6 1 1										

정답 doll

	3	1 1	5	2	1 1	3	0	5	0	5
1 1 1			■					■		■
1 1 1			■					■		■
3 2 1 1	■	■	■		■	■		■		■
1 2 1 1 1	■		■	■		■		■		■
6 1 1	■	■	■	■	■	■		■		■

[문제 36] - 3교시

위쪽과 왼쪽의 숫자 힌트에 맞게 색칠하여 보시오. 3은 세 칸을 연속해서 색칠해야 한다는 뜻이며 1 2와 같이 숫자가 두 개 이상인 것은 한 칸과 두 칸 칠해진 사이가 한 칸 이상 떨어져 있다는 뜻입니다.

〈미국은 soccer, 영국은 ~ball〉

	1	5	1 1	2	1 1	3	2	1 1	3	1	4	1 1
2												
1 1												
3 2 5												
1 1 2 1 1												
1 6 2												

정답 foot

	1	5	1 1	2	1 1	3	2	1 1	3	1	4	1 1
2		■	■									
1 1		■									■	
3 2 5	■	■	■		■	■		■	■	■	■	■
1 1 2 1 1		■		■		■	■		■		■	
1 6 2		■		■	■	■	■	■	■		■	■

중급
문제&풀이

[문제 1] – 4교시

위쪽과 왼쪽의 숫자 힌트에 맞게 색칠하여 보시오.

〈컴퓨터의 얼굴〉

	1	6 2	1 1 2	1 2 1 2	1 5	1 5	1 1 2	1 1 2	6 2	1
8										
1 1										
1 1 1										
1 1 1										
1 1										
8										
2										
2										
8										
10										

정답 모니터

	1	6 2	1 1 2	1 2 1 2	1 5	1 5	1 1 2	1 1 2	6 2	1
8										
1 1										
1 1 1										
1 1 1										
1 1										
8										
2										
2										
8										
10										

[문제 2] – 4교시

위쪽과 왼쪽의 숫자 힌트에 맞게 색칠하여 보시오.

〈컴퓨터의 손〉

	5	8	9	1 6	1 1 4	1 1 5	4 2	2 2	2 5	1
2										
5 1										
2 2										
2 4										
5 1 1										
4 1 1										
6 1										
9										
8										
5										

정답 마우스

	5	8	9	1 6	1 1 4	1 1 5	4 2	2 2	2 5	1
2										
5 1										
2 2										
2 4										
5 1 1										
4 1 1										
6 1										
9										
8										
5										

[문제 3] - 4교시

위쪽과 왼쪽의 숫자 힌트에 맞게 색칠하여 보시오.

〈컴퓨터로 수다 떨 때 필요한 것〉

	5	1 1 2	1 2 1	1 1 2	1 2 1	3 1 2	1 1 4	1 4 1	2 1 1 1	5
1										
4										
1										
10										
1 1 1										
10										
1 1 1 2 1										
2 1 2 1										
8										
0										

정답 키보드

	5	1 1 2	1 2 1	1 1 2	1 2 1	3 1 2	1 1 4	1 4 1	2 1 1 1	5
1										
4										
1										
10										
1 1 1										
10										
1 1 1 2 1										
2 1 2 1										
8										
0										

[문제 4] – 4교시

위쪽과 왼쪽의 숫자 힌트에 맞게 색칠하여 보시오.

〈교실에는 이것으로 가득〉

	0	4	2	5	7	2 6	2 3	2 2	9	0
5										
5										
1 1										
1 1										
6										
7										
6 1										
1 1 1 1										
1 1 1 1										
1 1										

정답 의자

	0	4	2	5	7	2 6	2 3	2 2	9	0
5					■	■	■	■	■	
5					■	■	■	■	■	
1 1					■				■	
1 1					■				■	
6				■	■	■	■	■	■	
7			■	■	■	■	■	■	■	
6 1		■	■	■	■	■	■		■	
1 1 1 1		■		■		■			■	
1 1 1 1		■		■		■			■	
1 1		■				■				

[문제 5] - 4교시

위쪽과 왼쪽의 숫자 힌트에 맞게 색칠하여 보시오.

〈교실 문을 잠글 때 씁니다〉

	0	0	8	1 5	1 5	1 5	1 1 1 1	4 1 1	3	0
0										
4										
1 1										
1 1										
1 1										
6										
4 1										
7										
4 1										
6										

정답 자물쇠

	0	0	8	1 5	1 5	1 5	1 1 1 1	4 1 1	3	0
0										
4										
1 1										
1 1										
1 1										
6										
4 1										
7										
4 1										
6										

[문제 6] - 4교시

위쪽과 왼쪽의 숫자 힌트에 맞게 색칠하여 보시오.

〈종이를 자를 때 이것이 필요하죠〉

			3	4				4	3	
			1	1				1	1	
	0	3	1	1	6	2	6	1	1	3
1 1										
2 2										
2 2										
2 2										
2 2										
3										
7										
1 1 1 1										
1 1 1 1										
3 3										

정답 가위

	0	3	3 1 1	4 1 1	6	2	6	4 1 1	3 1 1	3
1 1										
2 2										
2 2										
2 2										
2 2										
3										
7										
1 1 1 1										
1 1 1 1										
3 3										

[문제 7] – 4교시

위쪽과 왼쪽의 숫자 힌트에 맞게 색칠하여 보시오.

〈청소할 때 이것이 필요하죠〉

	6	3 2	2 1 1	4 1 1	1 1 1 1	1 1 1 2	4 1 3	2 4	7	6
4										
1 1										
1 1										
3 3										
3 1 3										
2 1 1 2										
1 1 1 3										
1 1 1 4										
2 1 5										
3 6										

정답 미니 빗자루

	6	3 2	2 1 1	4 1 1	1 1 1 1	1 1 1 2	4 1 3	2 4	7	6
4				■	■	■	■			
1 1				■			■			
1 1				■			■			
3 3		■	■	■			■	■	■	
3 1 3	■	■	■			■		■	■	■
2 1 1 2	■	■			■		■		■	■
1 1 1 3	■			■		■		■	■	■
1 1 1 4	■		■		■		■	■	■	■
2 1 5	■	■		■		■	■	■	■	■
3 6	■	■	■		■	■	■	■	■	■

[문제 8] - 4교시

위쪽과 왼쪽의 숫자 힌트에 맞게 색칠하여 보시오.

〈체육 시간엔 꼭 이것을 준비〉

	2	6 3	6 3	5 2	2 2 2 3	6 3	2	1 1	2 2	2 2
2 2										
7										
4 2										
3 1										
5										
5 2										
3										
5										
5 2										
2 2 3										

정답 체육복과 운동화

	2	6 3	6 3	5 2	2 2 3	6 3	2	1 1	2 2	2 2
2 2		■	■		■	■				
7	■	■	■	■	■	■	■			
4 2	■	■	■	■		■	■			
3 1		■	■	■		■				
5		■	■	■	■	■				
5 2		■	■	■	■	■			■	■
3								■	■	■
5		■	■	■	■	■				
5 2		■	■	■	■	■			■	■
2 2 3		■	■		■	■		■	■	■

[문제 9] – 4교시

위쪽과 왼쪽의 숫자 힌트에 맞게 색칠하여 보시오.

〈체육 시간이 끝나면 여기로 달려가요〉

	10	2	3	3	3	1 2	4	1 3 1 1	2	0
1										
1 3										
1 1										
8										
9										
1 3 2										
1										
1 1										
1										
1 1										

정답 수돗가

	10	2	3	3	3	1 2	4	1 3 1 1	2	0
1										
1 3										
1 1										
8										
9										
1 3 2										
1										
1 1										
1										
1 1										

[문제 10] - 4교시

위쪽과 왼쪽의 숫자 힌트에 맞게 색칠하여 보시오.

〈두 물건의 무게를 비교할 때 필요한 것〉

	1 1	4 1	1 1	1 1	10	10	1 1	1 1	4 1	1 1
2										
10										
1 2 1										
1 2 1										
1 2 1										
1 1 2 1 1										
1 2 1										
2										
2										
4										

정답 양팔 저울

	1 1	4 1	1 1	1 1	10	10	1 1	1 1	4 1	1 1
2					■	■				
10	■	■	■	■	■	■	■	■	■	■
1 2 1		■			■	■			■	
1 2 1		■			■	■			■	
1 2 1		■			■	■			■	
1 1 2 1 1	■		■		■	■		■		■
1 2 1		■			■	■			■	
2					■	■				
2					■	■				
4				■	■	■	■			

[문제 11] - 4교시

위쪽과 왼쪽의 숫자 힌트에 맞게 색칠하여 보시오.

〈과학 시간에 책상을 흔들면서 실험했지요?〉

	1	10	10	1 1	1 1 1	7 1	1 1 1	5	5	1
6										
2 1										
2 1										
2 1										
2 1										
2 1 2										
2 5										
2 2										
2 2										
10										

정답 간이 지진계

	1	10	10	1 1	1 1 1	7 1	1 1 1	5	5	1
6										
2 1										
2 1										
2 1										
2 1										
2 1 2										
2 5										
2 2										
2 2										
10										

[문제 12] - 4교시

위쪽과 왼쪽의 숫자 힌트에 맞게 색칠하여 보시오.

〈즐거운 곳에서는 날 오라하여도~♪〉

	1	7	4 2	2 2 2	2 7	2 7	2 2 1	4 1	9	1
2										
4 1										
2 3										
2 2 2										
10										
8										
1 2 1										
1 2 1										
5 1										
8										

정답 집

	1	7	4 2	2 2 2	2 7	2 7	2 2 1	4 1	9	1
2										
4 1										
2 3										
2 2 2										
10										
8										
1 2 1										
1 2 1										
5 1										
8										

[문제 13] - 4교시

위쪽과 왼쪽의 숫자 힌트에 맞게 색칠하여 보시오.

〈우리 집 마당에 이것이 있으면 좋겠어요〉

	4	3 2	6	2 2 1 1	3 6	10	2 2 1 1	3 2	6	4
4										
8										
3 2 3										
4 5										
1 5 2										
3 2 3										
8										
2										
2										
4										

정답 과일나무

	4	3 2	6	2 2 1 1	3 6	10	2 2 1 1	3 2	6	4
4				■	■	■	■			
8		■	■	■	■	■	■	■	■	
3 2 3	■	■	■		■	■		■	■	■
4 5	■	■	■	■		■	■	■	■	■
1 5 2	■		■	■	■	■	■		■	■
3 2 3	■	■	■		■	■		■	■	■
8		■	■	■	■	■	■	■	■	
2					■	■				
2					■	■				
4				■	■	■	■			

[문제 14] - 4교시

위쪽과 왼쪽의 숫자 힌트에 맞게 색칠하여 보시오.

〈마트에 가면 이것이 있어요〉

	3	1 4	1 1 1	8	1 1	6 1	2 3	7	1	2
0										
4										
8 1										
1 1 1 1										
2 1 1 1										
1 1 1 1										
1 1 1 1										
7										
1 1										
2 2										

정답 카트

	3	1 4	1 1 1	8	1 1	6 1	2 3	7	1	2
0										
4							■	■	■	■
8 1	■	■	■	■	■	■	■	■		■
1 1 1 1	■			■		■		■		
2 1 1 1	■	■		■		■		■		
1 1 1 1		■		■		■		■		
1 1 1 1		■		■		■		■		
7		■	■	■	■	■	■	■		
1 1				■			■			
2 2			■	■		■	■			

[문제 15] – 4교시

위쪽과 왼쪽의 숫자 힌트에 맞게 색칠하여 보시오.

〈시원하게 이것 한 잔〉

	3	2 2	1 1 1	2 2	6	1 5	9	2 2 3	1 5	1
2										
3 2										
2 2 1										
1 1 6										
2 2 3										
6 1										
3 1										
5										
3										
3										

정답 주스

	3	2 2	1 1 1	2 2	6	1 5	9	2 2 3	1 5	1
2								■	■	
3 2		■	■	■			■	■		
2 2 1	■	■		■	■		■			
1 1 6	■		■		■	■	■	■	■	■
2 2 3	■	■		■	■		■	■	■	
6 1		■	■	■	■	■	■		■	
3 1					■	■	■		■	
5					■	■	■	■	■	
3						■	■	■		
3						■	■	■		

[문제 16] - 4교시

위쪽과 왼쪽의 숫자 힌트에 맞게 색칠하여 보시오.

〈따뜻하게 한 잔〉

	4 1	5 1	7	7	3 3	1 2 1	4 1	1 1 1	1 1 2	2 2
0										
7										
5 3										
5 1 1										
4 2 1										
5 2										
3										
7 2										
2										
1										

정답 차와 티스푼

	4 1	5 1	7	7	3 3	1 2 1	4 1	1 1 1	1 1 2	2 2
0										
7	■	■	■	■	■	■	■			
5 3	■	■	■	■	■		■	■	■	
5 1 1	■	■	■	■	■		■			■
4 2 1	■	■	■	■		■	■			■
5 2		■	■	■	■	■		■	■	
3			■	■	■					
7 2	■	■	■	■	■	■	■		■	■
2									■	■
1								■		

[문제 17] - 4교시

위쪽과 왼쪽의 숫자 힌트에 맞게 색칠하여 보시오.

〈○○○ 키 재기〉

	2	6	4 2	6 2	10	1 7	2 4	6	2	0
1										
5										
4 2										
6 2										
6 2										
1 5										
1 5										
2 4										
5										
3										

정답 도토리

	2	6	4 2	6 2	10	1 7	2 4	6	2	0
1					■					
5			■	■	■	■	■			
4 2		■	■	■	■		■	■		
6 2	■	■	■	■	■	■		■	■	
6 2	■	■	■	■	■	■		■	■	
1 5		■		■	■	■	■	■		
1 5		■		■	■	■	■	■		
2 4		■	■		■	■	■	■		
5			■	■	■	■	■			
3				■	■	■				

위쪽과 왼쪽의 숫자 힌트에 맞게 색칠하여 보시오.

〈눈이 나빠요. 무엇이 필요할까요?〉

	3	2 1	3 1	2 3	2 1	1 3	1 1	1 1 1	7	0
0										
2 2										
2 1										
2 1										
2 1										
4 4										
1 3 1										
1 1 1 1										
2 2										
0										

정답 안경

	3	2 1	3 1	2 3	2 1	1 3	1 1	1 1 1	7	0
0										
2 2					■	■		■	■	
2 1				■	■				■	
2 1			■	■					■	
2 1		■	■						■	
4 4	■	■	■	■		■	■	■	■	
1 3 1	■			■	■	■			■	
1 1 1 1	■			■		■			■	
2 2		■	■				■	■		
0										

[문제 19] – 4교시

위쪽과 왼쪽의 숫자 힌트에 맞게 색칠하여 보시오.

〈Happy birthday!〉

	2	2 6	1 7	8	1	8	1 7	2 6	2	0
0										
2 2										
1 1 1 1										
5										
4 4										
4 4										
3 3										
3 3										
3 3										
3 3										

정답 선물

	2	2 6	1 7	8	1	8	1 7	2 6	2	0
0										
2 2										
1 1 1 1										
5										
4 4										
4 4										
3 3										
3 3										
3 3										
3 3										

[문제 20] - 4교시

위쪽과 왼쪽의 숫자 힌트에 맞게 색칠하여 보시오.

〈선물이 뭘까?〉

	2	2	1 3	2 2 4	8	8	2 2 4	1 2	3	0
2 2										
1 1										
2										
4										
4										
2										
4										
1 5 1										
9										
8										

정답 토끼 인형

	2	2	1 3	2 2 4	8	8	2 2 4	1 2	3	0
2 2			■	■			■	■		
1 1				■			■			
2					■	■				
4				■	■	■	■			
4				■	■	■	■			
2					■	■				
4				■	■	■	■			
1 5 1	■		■	■	■	■	■		■	
9	■	■	■	■	■	■	■	■	■	
8		■	■	■	■	■	■	■	■	

[문제 21] - 4교시

위쪽과 왼쪽의 숫자 힌트에 맞게 색칠하여 보시오.

〈선물이 뭘까?〉

	2 2 1	9	2 1 3	2 1 1	2 3 2	2 3 2	2 1 1	2 1 3	9	2 2 1
2 2										
8										
2 2 2										
2 1 1 2										
2 2 2										
2 2 2										
2 2 2										
2 2										
10										
2 2 2										

정답 사자 인형

	2 2 1	9	2 1 3	2 1 1	2 3 2	2 3 2	2 1 1	2 1 3	9	2 2 1
2 2			■	■			■	■		
8		■	■	■	■	■	■	■	■	
2 2 2	■	■			■	■			■	■
2 1 1 2	■	■		■			■		■	■
2 2 2		■	■		■	■		■	■	
2 2 2	■	■			■	■			■	■
2 2 2	■	■			■	■			■	■
2 2		■	■					■	■	
10	■	■	■	■	■	■	■	■	■	■
2 2 2		■	■		■	■		■	■	

[문제 22] - 4교시

위쪽과 왼쪽의 숫자 힌트에 맞게 색칠하여 보시오.

〈선물이 뭘까?〉

	5	1 2 1	1 2 1	6	1 2 1	1 2 1	3 1	1 3	1 3	5 1	2 2 1	2 3	7	1 1 2	5
0															
2															
13															
1 1 1 1 1 1															
1 1 1 1 3															
6 6 1															
6 6 1															
1 1 3 4															
2 2 2 2															
0															

정답 장난감 버스

	5	1 2 1	1 2 1	6	1 2 1	1 2 1	3 1	1 3	1 3	5 1	2 2 1	2 3	7	1 1 2	5
0															
2															
13															
1 1 1 1 1 1															
1 1 1 1 3															
6 6 1															
6 6 1															
1 1 3 4															
2 2 2 2															
0															

[문제 23] - 4교시

위쪽과 왼쪽의 숫자 힌트에 맞게 색칠하여 보시오.

〈선물이 뭘까?〉

	4	1 3	1 1 2	1 2 1	5 1	1 1 2	7	6	5	5	5	3 2	4 1	4 1	3 2
0															
1															
6															
1 1 9															
1 1 9															
15															
2 2 5 2															
3 7 1															
1 1 1 1															
2 2															

정답 장난감 트럭

	4	1 3	1 1 2	1 2 1	5 1	1 1 2	7	6	5	5	5	3 2	4 1	4 1	3 2
0															
1							■								
6			■	■	■	■	■	■							
1 1 9		■			■		■	■	■	■	■	■	■	■	■
1 1 9	■				■		■	■	■	■	■	■	■	■	■
15	■	■	■	■	■	■	■	■	■	■	■	■	■	■	■
2 2 5 2	■	■		■	■		■	■	■	■	■		■	■	
3 7 1	■	■	■			■	■	■	■	■	■	■			■
1 1 1 1			■			■						■			■
2 2				■	■								■	■	

[문제 24] - 4교시

위쪽과 왼쪽의 숫자 힌트에 맞게 색칠하여 보시오.

〈행운을 준답니다〉

	1	2 2	3 1	2 3 1	6	4 4	6	3 2	3	2
2										
3										
3 2										
6										
4 4										
6										
2 3										
3										
3 2										
2										

정답 네 잎 클로버

	1	2 2	3 1	2 3 1	6	4 4	6	3 2	3	2
2					■	■				
3				■	■	■				
3 2				■	■	■		■	■	
6					■	■	■	■	■	■
4 4		■	■	■	■		■	■	■	■
6		■	■	■	■	■	■			
2 3			■	■		■	■	■		
3						■	■	■		
3 2		■	■	■		■	■			
2	■	■								

[문제 25] - 4교시

위쪽과 왼쪽의 숫자 힌트에 맞게 색칠하여 보시오.

〈골목에선 역시 총싸움이 짱!〉

	1	1	2	1 1	1 3	3 3 1	10	8	7	0
3										
4										
3										
3										
9										
1 5										
6										
3										
1 1										
2 1										

정답 총 쏘는 모습

	1	1	2	1 1	1 3	3 3 1	10	8	7	0
3										
4										
3										
3										
9										
1 5										
6										
3										
1 1										
2 1										

[문제 26] - 4교시

위쪽과 왼쪽의 숫자 힌트에 맞게 색칠하여 보시오.

〈폴짝폴짝 이것을 합니다〉

	3	1 1	1 2 1	1 1 2	1 2 5	1 6 1	1 2 5	1 1	1 2	4
7										
2 1										
1 3 1										
1 3 1										
2 1 2										
7										
3										
3										
3 1										
4										

정답 줄넘기

	3	1 1	1 2 1	1 1 2	1 2 5	1 6 1	1 2 5	1 1	1 2	4
7			■	■	■	■	■	■	■	
2 1	■	■								■
1 3 1	■				■	■	■			■
1 3 1	■				■	■	■			■
2 1 2		■	■			■			■	■
7			■	■	■	■	■	■	■	
3					■	■	■			
3					■	■	■			
3 1			■	■	■		■			
4				■	■	■	■			

[문제 27] - 4, 5교시

위쪽과 왼쪽의 숫자 힌트에 맞게 색칠하여 보시오.

〈공 하나만 있으면 어디서나〉

	2	1	3 4 1	10	3 5	1 1	2 2	1 1	0	0	2	2 1	1 2	2	0
3															
3															
3 2															
1 2 1															
7 1 2															
1 3 2 2															
3															
5															
2 2															
2															

정답 축구

	2	1	3 4 1	10	3 5	1 1	2 2	1 1	0	0	2	2 1	1 2	2	0
3			■	■	■										
3			■	■	■										
3 2			■	■	■							■	■		
1 2 1				■							■	■		■	
7 1 2	■	■	■	■	■	■	■				■		■	■	
1 3 2 2	■		■	■	■		■	■				■	■		
3			■	■	■										
5			■	■	■	■	■								
2 2				■	■		■	■							
2			■	■											

[문제 28] - 4, 5교시

위쪽과 왼쪽의 숫자 힌트에 맞게 색칠하여 보시오.

〈폴짝폴짝 뛰어넘으며 달립니다〉

	1	2	1 1 5	1 1 1 1	3 1 1 1	8 2	3 5 5	1 2 1 1	2 1 2	1
3										
3										
3										
1 1										
6										
2 1										
2										
6										
3										
3										
6										
1 4										
1 1 2										
2 1										
2										

정답 장애물 달리기

	1	2	1 1 5	1 1 1 1	3 1 1 1	8 2	3 5 5	1 2 1 1	2 1 2	1
3					■	■	■			
3					■	■	■			
3					■	■	■			
1 1			■			■				
6				■	■	■	■	■	■	
2 1						■	■		■	
2						■	■			
6			■	■	■	■	■	■		
3							■	■	■	
3	■	■	■							
6		■	■	■	■	■	■			
1 4			■			■	■	■	■	
1 1 2			■				■		■	■
2 1			■	■			■			
2							■	■		

[문제 29] – 4, 5교시

위쪽과 왼쪽의 숫자 힌트에 맞게 색칠하여 보시오.

〈겨울에 즐기는 스포츠〉

	2	1 1 2	3 1 2 1	12 1	3 5 1 1	1 5 2	1 1 2 2	1 2 4 2	1 1	2
3										
3										
3										
1 4										
2										
5										
4 1										
1 3										
3 1										
1 3										
2 2										
4 1										
0										
10										
2 3 1										

정답 스케이트

	2	1 1 2	3 1 2 1	12 1	3 5 1 1	1 5 2	1 1 2 2	1 2 4 2	1 1	2
3			■	■	■					
3			■	■	■					
3			■	■	■					
1 4				■		■	■	■	■	
2				■	■					
5				■	■	■	■	■		
4 1			■	■	■	■		■		
1 3		■		■	■	■				
3 1				■	■	■		■		
1 3				■		■	■	■		
2 2			■	■			■	■		
4 1		■	■	■	■			■		
0										
10	■	■	■	■	■	■	■	■	■	■
2 3 1	■	■				■	■	■		■

[문제 30] – 4, 5교시

위쪽과 왼쪽의 숫자 힌트에 맞게 색칠하여 보시오.

〈이 운동을 하면 키가 큰대요〉

	1	2 1 1	1 1 1 1 1	2 1 1 2	1 1 1	7 1	1 1 1	1 1 1	15	1
1 1										
4										
5 1										
1 1 1 1										
1 4										
1 1 1 1										
1 1 1										
1										
1										
1										
1										
1 1										
1 1 1										
1 1										
10										

정답 농구

	1	2 1 1	1 1 1 1 1	2 1 1 2	1 1 1	7 1	1 1 1	1 1 1	15	1
1 1						■			■	
4						■	■	■	■	
5 1		■	■	■	■	■			■	
1 1 1 1		■		■		■			■	
1 4			■			■	■	■	■	
1 1 1 1		■		■		■			■	
1 1 1			■			■			■	
1									■	
1									■	
1									■	
1									■	
1 1				■					■	
1 1 1			■		■				■	
1 1				■					■	
10	■	■	■	■	■	■	■	■	■	■

[문제 31] – 4, 5교시

위쪽과 왼쪽의 숫자 힌트에 맞게 색칠하여 보시오.

〈이걸 타고 세계일주를 해 볼까요〉

	0	4	6 2	2 2 8	1 6 4	8 4	5 8	3 2 2	4	0
4										
2 3										
2 5										
8										
6 1										
2 2 2										
6										
4										
1 1										
1 1										
6										
6										
4										
4										
0										

정답 열기구

	0	4	6 2	2 2 8	1 6 4	8 4	5 8	3 2 2	4	0
4				■	■	■	■			
2 3			■	■		■	■	■		
2 5		■	■		■	■	■	■	■	
8		■	■	■	■	■	■	■	■	
6 1		■	■	■	■	■	■		■	
2 2 2		■	■		■	■		■	■	
6			■	■	■	■	■	■		
4				■	■	■	■			
1 1				■			■			
1 1				■			■			
6			■	■	■	■	■	■		
6			■	■	■	■	■	■		
4				■	■	■	■			
4				■	■	■	■			
0										

[문제 32] - 7교시

컬러 로직을 풀고 그림을 확인해 보시오. 컬러 로직입니다. 나란히 있는 같은 색은 숫자 사이에 한 칸 이상 떨어져 있어야 하지만, 서로 다른 색은 붙여서 색칠할 수 있습니다. [32~35]

〈만인의 연인〉

	2	1 2 1 1	1 2 1 2	2 1 1	1 1	3 2
2						
1 2 1						
1 2 1 1						
2 2						
1 1						
1 1						
3 1						
1						

정답 꽃

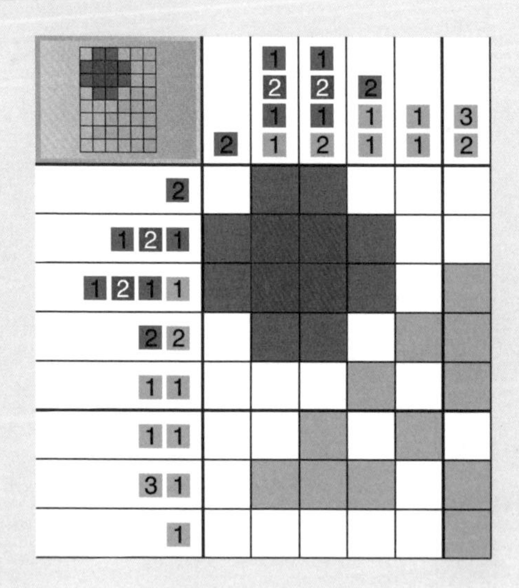

[문제 33] - 7교시

컬러 로직을 풀고 그림을 확인해 보시오.

〈아침엔 정말 싫어요!〉

	3	1 1 3 1 1	1 1 5 1 2	1 5 1	1 3 2 1	1 2 1 2 1	1 1 2 1 2 1 2	1 1 3 1 1	3
2 2									
5									
1 2 1 2 1									
1 3 1 3 1									
1 3 3 1 1									
1 7 1									
1 5 1									
5									
1 1									
2 2									

풀이 33

정답 알람 시계

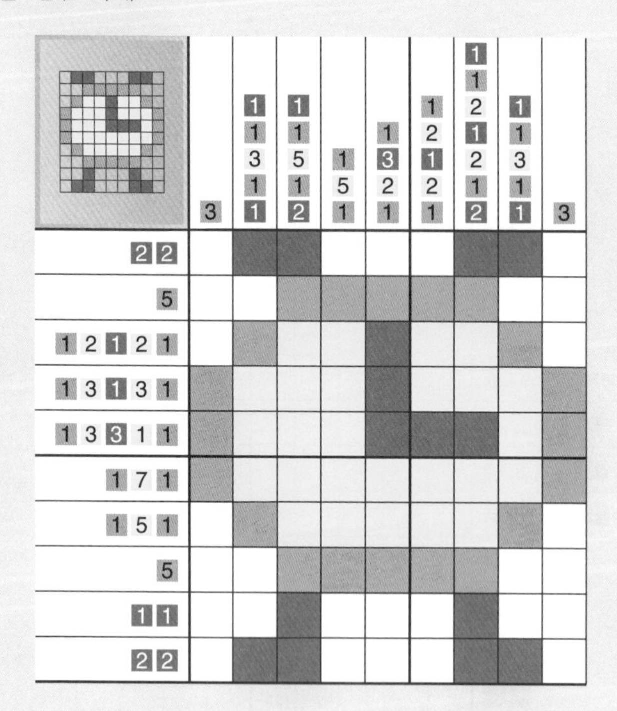
3
1 1 3 1 1
1 1 5 1 2
1 5 1
1 3 2 1
1 2 1 2 1
1 1 2 1 2 1 2
1 1 3 1 1
3
2 2
5
1 2 1 2 1
1 3 1 3 1
1 3 3 1 1
1 7 1
1 5 1
5
1 1
2 2

[문제 34] - 7교시

컬러 로직을 풀고 그림을 확인해 보시오.

〈여름에 탐스럽게 익어가는 것〉

	1	3	3 3	1 1 1 5	1 7	1 1 5	1 2 2	2 3	1 2 2 2	1 5
3										
3 3 2										
3 2 3 2										
3 2 3 1										
5 2 1										
5 2										
4 1										
3										
2										
1										

정답 포도

	1	3	3 3	1 1 1 5	1 7	1 1 5	1 2 2	2 3	1 2 2 2	1 5
3										
3 3 2										
3 2 3 2										
3 2 3 1										
5 2 1										
5 2										
4 1										
3										
2										
1										

[문제 35] – 7교시

컬러 로직을 풀고 그림을 확인해 보시오.

〈여름에 시원하게 이것을 먹으면 좋아요〉

	2 1	3 1	3 1 1 2 1	1 3 4 1	5 2 1 1 1	1 4 4 1	5 4 1	1 4 1 1 2 1	5 3 1	1 3 2 1
5										
2 1 1 1 2										
1 1 1 1 1 1 1 1										
1 1 1 1 1 1 1 1										
1 1 1 1 1 1 1 1										
10										
2 1 4 1 2										
1 3 1 4 1										
1 6 1										
6										

정답 수박

	2 1	3 1	3 1 1 2 1	1 3 4 1	5 2 1 1 1	1 4 4 1	5 4 1	1 4 1 1 2 1	5 3 1	1 3 2 1
5										
2 1 1 1 2										
1 1 1 1 1 1 1 1										
1 1 1 1 1 1 1 1										
1 1 1 1 1 1 1 1										
10										
2 1 4 1 2										
1 3 1 4 1										
1 6 1										
6										

[문제 36] - 8교시

나만의 로직을 만들어 보시오.

- 그림 주제를 선택하고, 가로, 세로 숫자 힌트를 넣는다.
- 그림을 지우고 직접 풀어 보아 로직이 풀리는지 확인한다.
- 풀리지 않는 문제는 힌트를 보충하거나, 그림을 고친다.
- 아래 판에 숫자 힌트를 옮겨 문제를 완성한다.

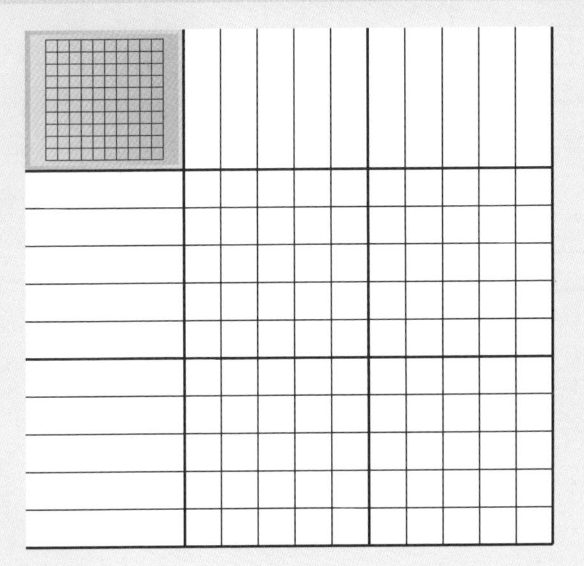

정답 나만의 로직을 만들어 봅시다.

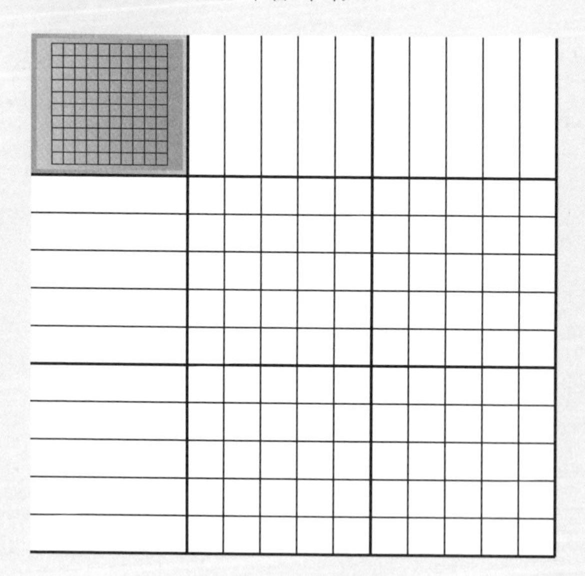

고급
문제&풀이

[문제 1] – 4교시

로직을 풀고 그림을 확인해 보시오.

〈대표적인 패스트푸드〉

	0	1 2	3 2	2 3	3 2	2 3	3 2	1 2	0	4	7	7	3 4	2 4	0
1															
2															
1															
5 5															
7 3 1															
1 1 1 3 1															
1 1 1 1 5															
7 3															
5 3															
3															

정답 햄버거와 음료수

	0	1 2	3 2	2 3	3 2	2 3	3 2	1 2	0	4	7	7	3 4	2 4	0
1														■	
2													■	■	
1													■		
5 5			■	■	■	■	■			■	■	■	■	■	
7 3 1		■	■	■	■	■	■	■		■	■	■		■	
1 1 1 3 1			■		■		■			■	■	■		■	
1 1 1 1 5		■		■		■		■		■	■	■	■	■	
7 3		■	■	■	■	■	■	■			■	■	■		
5 3			■	■	■	■	■				■	■	■		
3											■	■	■		

[문제 2] – 4교시

로직을 풀고 그림을 확인해 보시오.

〈차 막힐 땐 이것이 한 대 있으면 …〉

	3	2 2	1 1 1	5	3	2	1 2	1 3	1 1 2 1	1 5 1	2 2 1	1 5 1	1 1 2 1	1 1 2 1	1 3 1
0															
3 4 4															
2 2 1															
1 11															
2 5 1 1 1															
3 3 1 1															
7															
6															
0															
7															

정답 헬리콥터

	3	2 2	1 1 1	5	3	2	1 2	1 3	1 1 2 1	1 5 1	2 2 1	1 5 1	1 1 2 1	1 1 2 1	1 3 1
0															
3 4 4		■	■	■			■	■	■	■		■	■	■	■
2 2 1	■	■		■	■						■				
1 11	■		■	■	■	■	■	■	■	■	■	■	■		
2 5 1 1 1	■	■		■	■	■	■	■		■		■		■	
3 3 1 1		■	■	■				■	■	■		■			■
7									■	■	■	■	■	■	■
6										■	■	■	■	■	■
0															
7									■	■	■	■	■	■	■

[문제 3] - 4교시

로직을 풀고 그림을 확인해 보시오.

〈여름에 하면 좋은 스포츠〉

	1 1	1 2	2 1 1	4 2	2 1 1	1 1 1	1 2 1	1 4 1	2 1	1 2	1 1 1	2 1 2	1 1	2 2	1 1
2															
2 2 3															
2 1 2 2															
5															
2															
2 2															
2 1															
5															
3 3 2															
2 3 3 3															

정답 수영

	1 1	1 2	2 1 1	4 2	2 1 1	1 1 1	1 2 1	1 4 1	2 1	1 2	1 1 1	2 1 2	1 1	2 2	1 1
2			■	■											
2 2 3			■	■		■	■					■	■	■	
2 1 2 2				■	■			■			■	■		■	■
5	■	■	■	■	■										
2							■	■							
2 2							■	■		■	■				
2 1								■	■			■			
5					■	■	■	■	■						
3 3 2		■	■	■						■	■	■		■	■
2 3 3 3	■	■		■	■	■		■	■	■		■	■	■	

[문제 4] – 4교시

로직을 풀고 그림을 확인해 보시오.

〈토끼와 ○○○〉

	0	2	1 1	3	3 2	2 4	2 1 3	2 1 4	1 1 1 3	2 1 1 1	1 1 1 2	1 1 1 2	2 1 1 1	1 1 1 3	2 1 4	2 1 3	7	2 2	2	1
6																				
1 1 1 1																				
3 2 3																				
2 1 1 2																				
4 2 2 2 1																				
1 2 1 1 1 4																				
5 2 2 2 4																				
12																				
5 5																				
4 4																				

정답 거북이

	0	2	1 1	3	3 2	2 4	2 1 3	2 1 4	1 1 1 3	2 1 1 1	1 1 1 2	1 1 1 2	2 1 1 1	1 1 1 3	2 1 4	2 1 3	7	2 2	2	1
6																				
1 1 1 1																				
3 2 3																				
2 1 1 2																				
4 2 2 2 1																				
1 2 1 1 1 4																				
5 2 2 2 4																				
12																				
5 5																				
4 4																				

[문제 5] - 4교시

로직을 풀고 그림을 확인해 보시오.

〈갑자기 정전되었을 때 필요해요〉

	4	8	3 1	4 4 1	1 1 5 1	1 5 1	2 1 3 1	3 2 1	8	5
1										
1 1										
1 2										
1 1										
1 1										
1 2										
2										
2 1 1										
10										
10										
2 2 1 2										
2 2 2										
1 1 2										
1 1										
8										

정답 촛불

	4	8	3 1	4 4 1	1 1 5 1	1 5 1	2 1 3 1	3 2 1	8	5
1										
1 1										
1 2										
1 1										
1 1										
1 2										
2										
2 1 1										
10										
10										
2 2 1 2										
2 2 2										
1 1 2										
1 1										
8										

[문제 6] - 4교시

로직을 풀고 그림을 확인해 보시오.

〈모든 건물의 필수품〉

	2	1 1 1	1 2 9	1 1 10	12	1 3 2 2	1 9	2	8	2
2										
1										
2										
6										
1 1 2										
1 3 1										
1 5 1										
5 1										
3 1 1										
3 1 1										
5 2										
5 2										
3 1										
5										
5										

정답 소화기

	2	1 1 1	1 2 9	1 1 10	12	1 3 2 2	1 9	2	8	2
2										
1										
2										
6										
1 1 2										
1 3 1										
1 5 1										
5 1										
3 1 1										
3 1 1										
5 2										
5 2										
3 1										
5										
5										

[문제 7] - 4교시

로직을 풀고 그림을 확인해 보시오.

〈우리나라 선수들이 잘해요〉

	1 1	2	2	1 2	3 2	9	8 1	12	11	9
3										
4										
3										
3										
4										
4										
5										
5										
2 3										
2 3										
2 3										
2 3										
2 3										
3										
1 4										

정답 골프 치는 모습

	1 1	2	2	1 2	3 2	9	8 1	12	11	9
3					■	■	■			
4				■	■	■	■			
3					■	■	■			
3						■	■	■		
4						■	■	■	■	
4						■	■	■	■	
5						■	■	■	■	■
5						■	■	■	■	■
2 3					■	■		■	■	■
2 3				■	■			■	■	■
2 3			■	■				■	■	■
2 3		■	■					■	■	■
2 3	■	■						■	■	■
3								■	■	■
1 4	■						■	■	■	■

[문제 8] - 5교시

로직을 풀고 그림을 확인해 보시오.

〈"따르릉 따르릉" 나는 누구일까요?〉

	0	2 5	3 7	3 8	2 3 4	5 3 2	2 4 4	2 1 1 1 1	2 4 4	5 3 2	2 3 4	3 8	3 7	2 5	0
0															
0															
11															
13															
3 1 1 3															
5															
4 4															
3 3 3															
6 6															
3 1 1 3															
6 6															
4 3 4															
6 6															
11															
0															

정답 전화기

	0	2 5	3 7	3 8	2 3 4	5 3 2	2 4 4	2 1 1 1 1	2 4 4	5 3 2	2 3 4	3 8	3 7	2 5	0
0															
0															
11			■	■	■	■	■	■	■	■	■	■	■		
13		■	■	■	■	■	■	■	■	■	■	■	■	■	
3 1 1 3		■	■	■		■				■		■	■	■	
5						■	■	■	■	■					
4 4				■	■	■	■		■	■	■	■			
3 3 3			■	■	■		■	■	■		■	■	■		
6 6		■	■	■	■	■	■		■	■	■	■	■	■	
3 1 1 3		■	■	■		■				■		■	■	■	
6 6		■	■	■	■	■	■		■	■	■	■	■	■	
4 3 4		■	■	■	■		■	■	■		■	■	■	■	
6 6		■	■	■	■	■	■		■	■	■	■	■	■	
11			■	■	■	■	■	■	■	■	■	■	■		
0															

[문제 9] - 5교시

로직을 풀고 그림을 확인해 보시오.

〈"따르릉 따르릉" 나는 누구일까요?〉

	3	3 5	2 1 2 2	1 3 6	1 6 3	1 2 1	2 1 1 1	1 1 3	1 2 3	3 1 1	5 3	2 6	2 2 2	5	3
3															
2															
1															
3 3															
4															
2 4															
2 5															
7															
1 1															
3 3															
3 1 1 3															
5 2 5															
2 2 6 2															
5 1 5															
3 3															

정답 자전거

	3	3 5	2 1 2 2	1 3 6	1 6 3	1 2 1	2 1 1 1	1 1 3	1 2 3	3 1 1	5 3	2 6	2 2 2	5	3
3															
2															
1															
3 3															
4															
2 4															
2 5															
7															
1 1															
3 3															
3 1 1 3															
5 2 5															
2 2 6 2															
5 1 5															
3 3															

[문제 10] - 5교시

로직을 풀고 그림을 확인해 보시오.

〈"뽀롱뽀롱" 나는 누구일까요?〉

	4 1	12	3 3 2	2 1 1 2	3 1 1 1 1	3 1 1 2	4 3 1 1	4 1 3 1	4 3 1 1	3 1 1 2	3 1 1 1 1	2 1 1 2	3 3 2	12	4 1
7															
11															
13															
2 3 2															
1 3 3 1															
2 1 1 2															
3 1 3 1 3															
3 1 1 3															
2 3 3 2															
2 1 2															
1 3 1															
2 1 2															
3 3															
2 3 3 2															
5															

정답 뽀로로

	4 1	12	3 3 2	2 1 1 2	3 1 1 1 1	3 1 1 2	4 3 1 1	4 1 3 1	4 3 1 1	3 1 1 2	3 1 1 1 1	2 1 1 2	3 3 2	12	4 1
7					■	■	■	■	■	■	■				
11			■	■	■	■	■	■	■	■	■	■	■		
13		■	■	■	■	■	■	■	■	■	■	■	■	■	
2 3 2		■	■				■	■	■				■	■	
1 3 3 1		■		■	■	■				■	■	■		■	
2 1 1 2		■	■				■		■				■	■	
3 1 3 1 3	■	■	■		■		■	■	■		■		■	■	■
3 1 1 3	■	■	■				■		■				■	■	■
2 3 3 2	■	■		■	■	■				■	■	■		■	■
2 1 2	■	■						■						■	■
1 3 1		■					■	■	■					■	
2 1 2		■	■					■					■	■	
3 3		■	■	■								■	■	■	
2 3 3 2	■	■		■	■	■				■	■	■		■	■
5						■	■	■	■	■					

[문제 11] - 5교시

로직을 풀고 그림을 확인해 보시오.

〈OO 같은 내 입술〉

	3	2 2	5 1	4 5	1 3 5	1 2 3	3	2	4 3	1 4 5	2 5	3 3	2 2	3	0
6															
3															
2 1															
2 2															
1 1															
2 1															
1 2															
1 2															
2 1															
1 4															
4 3 2															
6 4 1															
1 4 6															
2 3 4															
4															

정답 앵두

	3	2 2	5 1	4 5	1 3 5	1 2 3	3	2	4 3	1 4 5	2 5	3 3	2 2	3	0
6					■	■	■	■	■	■					
3							■	■	■						
2 1						■	■		■						
2 2					■	■			■	■					
1 1					■					■					
2 1				■	■					■					
1 2				■						■	■				
1 2				■							■	■			
2 1			■	■								■			
1 4			■							■	■	■	■		
4 3 2		■	■	■	■				■	■	■		■	■	
6 4 1	■	■	■	■	■	■			■	■	■	■		■	
1 4 6	■		■	■	■	■			■	■	■	■	■	■	
2 3 4	■	■		■	■	■				■	■	■	■		
4		■	■	■	■										

[문제 12] - 5교시

로직을 풀고 그림을 확인해 보시오.

〈사우나실 안에 꼭 있어요〉

	0	0	12	1 1	5 6	2 2 1 1	2 2 1	2 3 1 2	3 4 3	7 7	5 6	1 1	12	0	0
5															
9															
1 1 3 1															
1 1 2 1															
1 1 2 1															
1 2 3 1															
1 5 1															
1 3 1															
1 1 3 1															
1 1 2 1															
1 1 1 2 1															
1 1 2 1															
1 1 3 1															
1 1 4 1															
9															

정답 모래시계

	0	0	12	1 1	5 6	2 2 1 1	2 2 1	2 3 1 2	3 4 3	7 7	5 6	1 1	12	0	0
5															
9															
1 1 3 1															
1 1 2 1															
1 1 2 1															
1 2 3 1															
1 5 1															
1 3 1															
1 1 3 1															
1 1 2 1															
1 1 1 2 1															
1 1 2 1															
1 1 3 1															
1 1 4 1															
9															

[문제 13] – 5교시

로직을 풀고 그림을 확인해 보시오.

〈지구상에 10,000종이 있대요〉

	2	5	2 2 2 2	2 3 2 2	2 7	2 3 2	1 8	1 1 1	1 8	2 3 2	2 7	2 3 2 2	2 2 2 2	5	2
1 1															
3 3															
5 1 5															
2 3 3 2															
1 1 2 2 1 1															
4 3 4															
5 5															
3 3															
4 4															
3 3 3															
1 3 3 1															
3 3															
1 1															
1 1															
1 1															

풀이 13

정답 나비

	2	5	2 2 2 2	2 3 2 2	2 7	2 3 2	1 8	1 1 1	1 8	2 3 2	2 7	2 3 2 2	2 2 2 2	5	2
1 1															
3 3															
5 1 5															
2 3 3 2															
1 1 2 2 1 1															
4 3 4															
5 5															
3 3															
4 4															
3 3 3															
1 3 3 1															
3 3															
1 1															
1 1															
1 1															

로직을 풀고 그림을 확인해 보시오.

〈마당이 있는 예쁜 집에 어울려요〉

	2	1	2 1 1	2 4	1 1 1 1 1 1	6 4	7 1 1	5 7	7 1 1	6 4	1 1 1 1	4	1 1	4	1 1
1															
5															
2 1															
1 3															
5															
7															
5															
2 2															
5															
7															
1															
1 1 1 1 1 1															
13															
1 1 1 1 1 1															
13															

정답 편지함

	2	1	2 1 1	2 4	1 1 1 1 1 1	6 4	7 1 1	5 7	7 1 1	6 4	1 1 1 1	4	1 1	4	1 1
1	■														
5	■	■	■	■	■										
2 1			■	■				■							
1 3					■		■	■	■						
5						■	■	■	■	■					
7					■	■	■	■	■	■	■				
5						■	■	■	■	■					
2 2						■	■		■	■					
5						■	■	■	■	■					
7					■	■	■	■	■	■	■				
1								■							
1 1 1 1 1 1				■		■		■		■		■		■	
13			■	■	■	■	■	■	■	■	■	■	■	■	■
1 1 1 1 1 1				■		■		■		■		■		■	
13			■	■	■	■	■	■	■	■	■	■	■	■	■

[문제 15] - 5교시

로직을 풀고 그림을 확인해 보시오.

〈바람이 필요해요〉

	0	1	2 2	5 1 1	3 4 1 2	1 3 3 1 1	3 3 2 1 1	12 1	2 1 1 1	2 2 1 1	2 2 1 2	3 1 1	1 2	1	0
2															
3															
1 3															
2 3															
5 2															
1 3 2															
3 2 2															
4 1 2															
5 2															
6															
1															
13															
1 1															
2 2															
7															

정답 돛단배

	0	1	2 2	5 1 1	3 4 1 2	1 3 3 1 1	3 3 2 1 1	12 1	2 1 1 1	2 2 1 1	2 2 1 2	3 1 1	1 2	1	0
2															
3															
1 3															
2 3															
5 2															
1 3 2															
3 2 2															
4 1 2															
5 2															
6															
1															
13															
1 1															
2 2															
7															

[문제 16] – 5교시

로직을 풀고 그림을 확인해 보시오.

〈울면 안 돼♪ 울면 안 돼♬〉

	1	2	3	2 6 1	2 1 5 2	2 1 1 4 2	2 1 1 1 1	2 1 1 4 2	3 1 5 2	5 6 1	2 2	1 2 2	7	7	5
5															
7															
1 3															
1 3 1 1															
2 2															
1 1 3															
3 1 1 1 4															
4 3 3															
4 4 3															
7 4															
3 3 4															
7 2															
0															
2 2															
3 3															

정답 산타 할아버지

	1	2	3	2 6 1	2 1 5 2	2 1 1 4 2	2 1 1 1 1	2 1 1 4 2	3 1 5 2	5 6 1	2 2	1 2 2	7	7	5
5						■	■	■	■	■					
7					■	■	■	■	■	■	■				
1 3					■				■	■	■				
1 3 1 1				■		■	■	■		■		■			
2 2				■	■				■	■					
1 1 3	■						■					■	■	■	
3 1 1 1 4		■	■	■		■		■		■		■	■	■	■
4 3 3		■	■	■	■				■	■	■		■	■	■
4 4 3			■	■	■	■		■	■	■	■		■	■	■
7 4				■	■	■	■	■	■	■		■	■	■	■
3 3 4				■	■	■		■	■	■		■	■	■	■
7 2				■	■	■	■	■	■	■			■	■	
0															
2 2					■	■		■	■						
3 3				■	■	■		■	■	■					

로직을 풀고 그림을 확인해 보시오.

〈따뜻하게 하면 사라져요〉

	7 2 4	3 2 4 2	1 6 6	4 3 2	2 1 1	2 1	1 1 1	1 1 1 1 1 1	1 1 1	2 1	2 1 1	3 3 2	10 4	2 5 3 1	5 3 5
11 3															
2 3 6															
4 2 1															
1 2 2 2 4															
3 3															
3 2															
1 2 3 4															
3 5															
2 1 2 1															
3 1 1															
2 2															
3 1 3															
1 1 3															
4 1 2 1															
5 5															

정답 눈사람

	7 2 4	3 2 4 2	1 6 6	4 3 2	2 1 1	2 1	1 1 1	1 1 1 1 1 1	1 1 1	2 1	2 1 1	3 3 2	10 4	2 5 3 1	5 3 5
11 3	■	■	■	■	■	■	■	■	■	■	■		■	■	■
2 3 6	■	■		■	■	■				■	■	■	■	■	■
4 2 1	■	■	■	■								■	■		■
1 2 2 2 4	■		■	■		■	■		■	■		■	■	■	■
3 3	■	■	■										■	■	■
3 2	■	■	■										■	■	
1 2 3 4	■		■	■			■	■	■			■	■	■	■
3 5			■	■	■						■	■	■	■	■
2 1 2 1	■	■		■								■	■		■
3 1 1	■	■	■					■					■		
2 2		■	■											■	■
3 1 3	■	■	■					■					■	■	■
1 1 3	■		■										■	■	■
4 1 2 1	■	■	■	■				■				■	■		■
5 5	■	■	■	■	■						■	■	■	■	■

[문제 18] – 5, 6교시

로직을 풀고 그림을 확인해 보시오.

〈우아함의 대명사〉

2 2	2 3	3	1 3 2	3 4 1 1 1	3 7 3	3 4 4 4	2 11 3	3 3 3 3 1 1	5 3 5 1	3 4 2 3	3 2 6	2 2 6	2 2 3 1	2 5 1 1	4 3 3	8 2	2 3 3	6 2 1	4 3 2	4 6	3 4 1	2 3 1	6	1 3

4
6
3 3
2 2
3
3
3
3 4 1
3 7 3
8 7
2 4 7
13 3
4 4 4
5 5
3 16 2
5 10 5
1 2 1 1 3 6
1 9 5 5
2 1 3 3 3 2 2
2 13 8

정답 백조

열	1	2	3	4	5	6	7	8	9	10	11	12	13	14	15	16	17	18	19	20	21	22	23	24	25
세로 힌트	2 2	2 3	3	1 3 2	3 4 1 1 1	3 7 3	3 4 4 4	2 11 3	3 3 3 3 1 1	5 3 5 1	3 4 2 3	3 2 6	2 2 6	2 2 3 1	2 5 1 1	4 3 3	8 2	2 3 3	6 2 1	4 3 2	4 6	3 4 1	2 3 1	6	1 3

행	가로 힌트
1	4
2	6
3	3 3
4	2 2
5	3
6	3
7	3
8	3 4 1
9	3 7 3
10	8 7
11	2 4 7
12	13 3
13	4 4 4
14	5 5
15	3 16 2
16	5 10 5
17	1 2 1 1 3 6
18	1 9 5 5
19	2 1 3 3 3 2 2
20	2 13 8

[문제 19] - 5, 6교시

로직을 풀고 그림을 확인해 보시오.

〈이 동물은 생각보다 날렵하고 깨끗해요〉

	11 7	10 1 6	2 1 1 2 1 2	1 3 3 2 2 1	3 5 1 3 1	2 5 4 3 1	1 2 2 1 3 3 1	2 1 2 3 3 1	1 3 1 1 1 5 2	1 5 3 5 1	1 5 3 6 1	1 3 1 1 1 5 2	2 1 2 3 3 1	1 2 2 1 3 3 1	1 5 4 3 1	2 6 1 3 1	3 3 2 2 1	1 1 1 2 1 2	10 1 6	11 7
4 8 3																				
3 2 1 1 2 2																				
2 3 4 3 2																				
2 2 8 1 2																				
2 1 2 4 3 2																				
3 2 1 2 1 2 3																				
2 14 2																				
2 4 4 2																				
2 3 6 3 2																				
3 1 2 2 2 1 3																				
1 1 6 1 1																				
2 2 2 2																				
3 10 3																				
1 12 1																				
3 6 3																				
2 3 4 3 2																				
2 4 4 4 2																				
2 4 1 4 2																				
3 2 1 3																				
9 10																				

정답 돼지

열	1	2	3	4	5	6	7	8	9	10	11	12	13	14	15	16	17	18	19	20
열 힌트	11 7	10 1 6	2 1 1 2 1 2	1 3 3 2 2 1	3 5 1 3 1	2 5 4 3 1	1 2 2 1 3 3 1	2 1 2 3 3 1	1 3 1 1 1 5 2	1 5 3 5 1	1 5 3 6 1	1 3 1 1 5 2	2 1 2 3 3 1	1 2 2 1 3 3 1	1 5 4 3 1	2 6 1 3 1	3 3 2 2 1	1 1 1 2 1 2	10 1 6	11 7

행	행 힌트
1	4 8 3
2	3 2 1 1 2 2
3	2 3 4 3 2
4	2 2 8 1 2
5	2 1 2 4 3 2
6	3 2 1 2 1 2 3
7	2 14 2
8	2 4 4 2
9	2 3 6 3 2
10	3 1 2 2 2 1 3
11	1 1 6 1 1
12	2 2 2 2
13	3 10 3
14	1 12 1
15	3 6 3
16	2 3 4 3 2
17	2 4 4 4 2
18	2 4 1 4 2
19	3 2 1 3
20	9 10

[문제 20] – 5, 6교시

로직을 풀고 그림을 확인해 보시오.

〈그게··· 처음엔 촉촉해요〉

열	1	2	3	4	5	6	7	8	9	10	11	12	13	14	15	16	17	18	19	20	21	22	23	24	25
힌트	20	11 5	3 1 4 2 4	10 4 3	9 5 3	7 5 2	1 1 2 3 5 2	6 4 5 2	5 5 4 2	5 6 5 1	4 7 4 1	2 1 6 4 1	1 3 5 4 1	6 5 4 1	6 5 4 1	1 5 5 4 1	2 2 6 4 1	4 6 4 2	5 6 4 2	5 5 5 2	6 3 5 2	7 6 3	2 1 4 6 3	10 4 4	11 1 5

행	힌트
1	11 10
2	6 4 3 9
3	12 3 5 2
4	2 3 5 3 8
5	10 5 4 2
6	2 5 6 5
7	6 2 4 3 4
8	5 5 5 3
9	5 15 3
10	4 15 2
11	2 14 2 1
12	1 3 11 4
13	1 6 7 5
14	1 8 8
15	1 21
16	2 19 1
17	3 14 2
18	5 8 4
19	9 8
20	25

정답 똥

세로 열 힌트 (왼쪽부터)

열	힌트
1	20
2	11 5
3	3 1 4 2 4
4	10 4 3
5	9 5 3
6	7 5 2
7	1 1 2 3 5 2
8	6 4 5 2
9	5 5 4 2
10	5 6 5 1
11	4 7 4 1
12	2 1 6 4 1
13	1 3 5 4 1
14	6 5 4 1
15	6 5 4 1
16	1 5 5 4 1
17	2 2 6 4 1
18	4 6 4 2
19	5 6 4 2
20	5 5 5 2
21	6 3 5 2
22	7 6 3
23	2 1 4 6 3
24	10 4 4
25	11 1 5

가로 행 힌트 (위에서부터)

행	힌트
1	11 10
2	6 4 3 9
3	12 3 5 2
4	2 3 5 3 8
5	10 5 4 2
6	2 5 6 5
7	6 2 4 3 4
8	5 5 5 3
9	5 15 3
10	4 15 2
11	2 14 2 1
12	1 3 11 4
13	1 6 7 5
14	1 8 8
15	1 21
16	2 19 1
17	3 14 2
18	5 8 4
19	9 8
20	25

[문제 21] – 5, 6교시

로직을 풀고 그림을 확인해 보시오.

〈네덜란드의 국화〉

	1	2 2	6 3	1 3 4	4 3	1 6 1 5	1 6 1 3	1 4 7 2	3 2 3	6 2 1	4 2	6 1	5 1	4	2
0															
2 1															
1 3															
1 3 2															
2 4 1															
2 4 1															
1 4 1															
2 3 1 2															
2 2 1 4															
1 1 3															
3 4															
1 3															
2 1 3															
5 1 3															
6 1 1															
5 3															
6															
2 1															
2															
1															

정답 튤립

열	1	2	3	4	5	6	7	8	9	10	11	12	13	14	15
단서	1	2 2	6 3	1 3 4	4 3	1 6 1 5	1 6 1 3	1 4 7 2	3 2 3	6 2 1	4 2	6 1	5 1	4	2

행	단서
1	0
2	2 1
3	1 3
4	1 3 2
5	2 4 1
6	2 4 1
7	1 4 1
8	2 3 1 2
9	2 2 1 4
10	1 1 3
11	3 4
12	1 3
13	2 1 3
14	5 1 3
15	6 1 1
16	5 3
17	6
18	2 1
19	2
20	1

[문제 22] - 5, 6교시

로직을 풀고 그림을 확인해 보시오.

〈○○○에 3가지만 가지고 간다면?〉

	1	2 2	1 2 3	2 2 2	5 2 1	1 1 4 2	1 1 1	3 1	1 1 3 1 1	1 1 2 2 2	5 2 1	2 2 1	1 3 2	1 2	2 1
3															
1 2															
2 4 1															
2 1 3 1															
1 4 2 1															
3 2 1															
1 2 1															
1 2															
1 1															
6															
2 2															
2 2															
1 1															
4 3 2 3															
1 3 2 3															

정답 무인도

	1	2 2	1 2 3	2 2 2	5 2 1	1 1 4 2	1 1 1	3 1	1 1 3 1 1	1 1 2 2 2	5 2 1	2 2 1	1 3 2	1 2	2 1
3									■	■	■				
1 2											■		■	■	
2 4 1					■	■			■	■	■	■			■
2 1 3 1		■	■		■						■	■	■		■
1 4 2 1		■		■	■	■	■			■	■		■		
3 2 1			■	■	■				■	■			■		
1 2 1			■		■	■			■						
1 2						■		■	■						
1 1						■		■							
6					■	■	■	■	■	■					
2 2				■	■					■	■				
2 2			■	■							■	■			
1 1			■									■			
4 3 2 3	■	■	■	■		■	■	■		■	■		■	■	■
1 3 2 3		■		■	■	■			■	■		■	■	■	

[문제 23] - 6교시

로직을 풀고 그림을 확인해 보시오.

〈가위바위보!〉

	2 2	1 1	2 1 1	1 1 1	1 2 1	2 2 2	3 3 1	2 1 1 3	2 4 1 1	1 3 1 1 1	1 1 2 4	2 1 1	1 2	1 1	3
0															
4															
2 1															
2 1															
5 1															
3 2 7															
1 4 1															
1 1 3															
9															
1 1 1															
2 5															
1 1															
1 5															
6															
0															

정답 가위

	2 2	1 1	2 1 1	1 1 1	1 2 1	2 2 2	3 3 1	2 1 1 3	2 4 1 1	1 3 1 1 1	1 1 2 4	2 1 1	1 2	1 1	3
0															
4									■	■	■	■			
2 1								■	■			■			
2 1							■	■			■				
5 1			■	■	■	■	■			■					
3 2 7	■	■	■			■	■		■	■	■	■	■	■	■
1 4 1	■							■	■	■	■				■
1 1 3						■			■				■	■	■
9					■	■	■	■	■	■	■	■	■		
1 1 1					■		■				■				
2 5			■	■			■	■	■	■	■				
1 1								■			■				
1 5	■					■	■	■	■	■					
6	■	■	■	■	■	■									
0															

[문제 24] – 6교시

로직을 풀고 그림을 확인해 보시오.

〈가위바위보!〉

	0	1 1	2 1	2 2	2 1 1	1 1 1	1 1 1	1 6 1	1 2 1 2	2 2 1 2	2 2 1 1	3 1 1 1	1 1 1 2	5	0
0															
0															
6															
2 4															
2 2 1															
2 1 3															
5 1															
2 7															
1 1															
6															
1 1															
3 4															
7															
0															
0															

정답 바위

	0	1 1	2 1	2 2	2 1 1	1 1 1	1 1 1	1 6 1	1 2 1 2	2 2 1 2	2 2 1 1	3 1 1 1	1 1 1 2	5	0
0															
0															
6															
2 4															
2 2 1															
2 1 3															
5 1															
2 7															
1 1															
6															
1 1															
3 4															
7															
0															
0															

[문제 25] - 5, 6교시

로직을 풀고 그림을 확인해 보시오.

〈가위바위보!〉

	1 1	3 3	2 2	2 1 1	2 2 1	1 2 1	4 1	1 1	1 1 1 1 1	1 1 1 1 1	1 1 1 1 1	1 1 1 1 1	1 1 1 3	3 3	3
0															
2															
2 1															
2 1															
2 2															
2 10															
1 1 1															
1 7															
1															
7															
1 1															
2 6															
2 1															
11															
0															

정답 보

	1 1	3 3	2 2	2 1 1	2 2 1	1 2 1	4 1	1 1	1 1 1 1 1	1 1 1 1 1	1 1 1 1 1	1 1 1 1 1	1 1 1 3	3 3	3
0															
2															
2 1															
2 1															
2 2															
2 10															
1 1 1															
1 7															
1															
7															
1 1															
2 6															
2 1															
11															
0															

[문제 26] – 5, 6교시

로직을 풀고 그림을 확인해 보시오.

〈진딧물을 잡아먹어요〉

열	1	2	3	4	5	6	7	8	9	10	11	12	13	14	15	16	17	18	19	20
열 힌트	8	14	6 2 4 3	6 2 2 3	7 1 6	6 6 5	5 3 4 4	2 2 1 3 3 3	3 10 3	3 1 1 4	2 10 3	1 2 1 3 3 4	4 3 4 5	5 6 6	5 1 6	3 2 2 3	3 2 4 4	11 3	10 2	4 1

행	행 힌트
1	8
2	12
3	5 3 3
4	7 6
5	7 6
6	5 3 5
7	1 1 3 3 1 2
8	4 2 1 1 2 4
9	4 4 4 4
10	2 2 2 2 2 2
11	4 4 4 5
12	4 2 1 1 2 5
13	3 4 4 4
14	3 1 3 3 1 4
15	2 2 5 2 2
16	6 7
17	7 1 6
18	16
19	11 3
20	6 3

풀이 26

정답 무당벌레

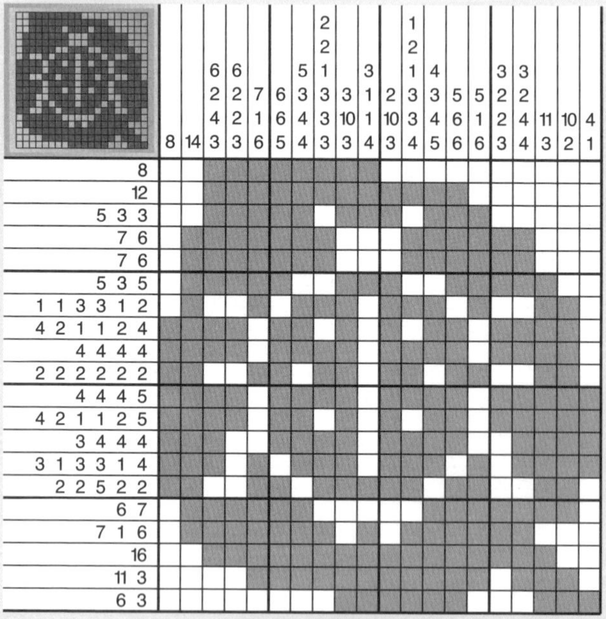

8
14
6 2 4 3
6 2 2 3
7 1 6
6 6 5
5 3 4 4
2 2 1 3 3 3
3 10 3
3 1 1 4
2 10 3
1 2 1 3 3 4
4 3 4 5
5 6 6
5 1 6
3 2 2 3
3 2 4 4
11 3
10 2
4 1
8
12
5 3 3
7 6
7 6
5 3 5
1 1 3 3 1 2
4 2 1 1 2 4
4 4 4 4
2 2 2 2 2 2
4 4 4 5
4 2 1 1 2 5
3 4 4 4
3 1 3 3 1 4
2 2 5 2 2
6 7
7 1 6
16
11 3
6 3

[문제 27] - 5, 6교시

로직을 풀고 그림을 확인해 보시오.

〈서생원〉

열	1	2	3	4	5	6	7	8	9	10	11	12	13	14	15	16	17	18	19	20
세로 힌트	3 1	2 2 2	1 1 1 1 2	6 1 1	7 1	7 2	7 1	6 1 1	1 1 1 1 1	2 2 2	3 2 1 2	1 4 1	1 6 1	1 6 1 2	1 6 1	1 7 1	1 7 2	2 6 1 1	2 4 2	4 1

행	가로 힌트
1	6
2	1 2
3	2
4	3 3 1
5	2 2 2 2 5 1
6	1 7 1 8
7	2 5 2 7
8	9 8
9	5 9
10	3 8
11	1 3 1 2 2
12	1 1 1 1 1 1
13	0
14	5 5 3
15	3 6 4 2

A.

정답 쥐

열	1	2	3	4	5	6	7	8	9	10	11	12	13	14	15	16	17	18	19	20
열 단서	3 1	2 2 2	1 1 1 1 2	6 1 1	7 1	7 2	7 1	6 1 1	1 1 1 1 1	2 2 2	3 2 1 2	1 4 1	1 6 1	1 6 1 2	1 6 1	1 7 1	1 7 2	2 6 1 1	2 4 2	4 1

행 단서
6
1 2
2
3 3 1
2 2 2 2 5 1
1 7 1 8
2 5 2 7
9 8
5 9
3 8
1 3 1 2 2
1 1 1 1 1
0
5 5 3
3 6 4 2

[문제 28] – 5, 6교시

로직을 풀고 그림을 확인해 보시오.

〈잘 치면 완전 멋있어!〉

Column clues (left to right):

1	2	3	4	5	6	7	8	9	10	11	12	13	14	15	16	17	18	19	20
							3												
				2	3		2	4	5				2						
		3	4	5	2	5	2	3	2	6	3		4	4	4	2			
0	2	4	2	4	2	1	1	3	1	5	7	14	3	3	4	4	3	6	2

Row clues (top to bottom):

Row	Clue
1	3
2	4
3	4
4	3 4
5	4 5
6	5 5
7	6 4
8	4 1 4
9	7 1 5
10	2 5 1 5
11	4 9 1
12	4 6 1
13	1 7 1
14	1 1 3
15	1 2 1
16	1
17	5 1
18	5
19	1 1
20	1 1

정답 그랜드 피아노

열	1	2	3	4	5	6	7	8	9	10	11	12	13	14	15	16	17	18	19	20
힌트	0	2	3 4	4 2	2 5 4	3 2 2	5 1	3 2 2 1	4 3 3	5 2 1	6 5	3 7	14	2 4 3	4 3	4 4	2 4	3	6	2

행	힌트
1	3
2	4
3	4
4	3 4
5	4 5
6	5 5
7	6 4
8	4 1 4
9	7 1 5
10	2 5 1 5
11	4 9 1
12	4 6 1
13	1 7 1
14	1 1 3
15	1 2 1
16	1
17	5 1
18	5
19	1 1
20	1 1

[문제 29] - 7교시

컬러 로직을 풀고 그림을 확인해 보시오.

〈은은한 조명이 필요할 때〉

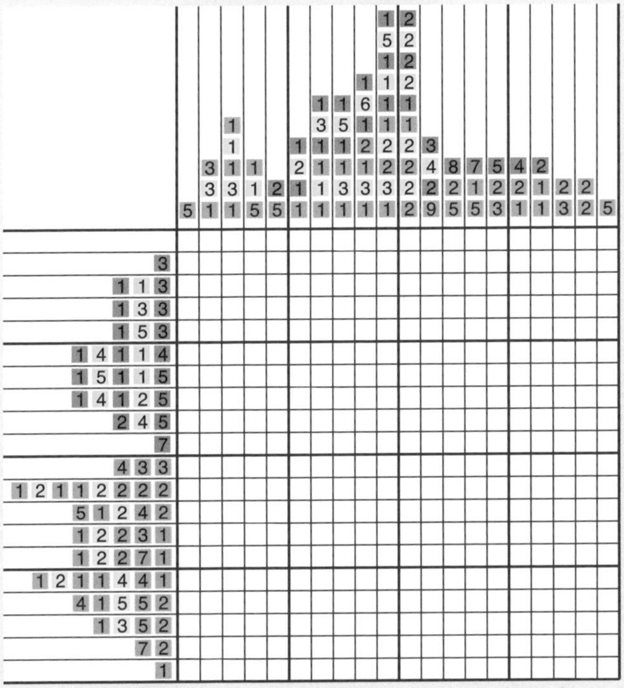

Column clues (left to right, top to bottom):

Column	Clues
1	5
2	3 3 1
3	1 1 1 3 1
4	1 1 5
5	2 5
6	1 2 1 1
7	1 3 1 1 1 1
8	1 5 1 1 3 1
9	1 6 1 2 1 3 1
10	1 5 1 1 1 1 2 2 3 1
11	2 2 2 2 1 1 2 2 2 2
12	3 4 2 9
13	8 2 5
14	7 1 5
15	5 2 3
16	4 2 1
17	2 1 1
18	2 3
19	2 2
20	5

Row clues (top to bottom):

Row	Clues
1	3
2	1 1 3
3	1 3 3
4	1 5 3
5	1 4 1 1 4
6	1 5 1 1 5
7	1 4 1 2 5
8	2 4 5
9	7
10	4 3 3
11	1 2 1 1 2 2 2 2
12	5 1 2 4 2
13	1 2 2 3 1
14	1 2 2 7 1
15	1 2 1 1 4 4 1
16	4 1 5 5 2
17	1 3 5 2
18	7 2
19	1

풀이 29

정답 조명등

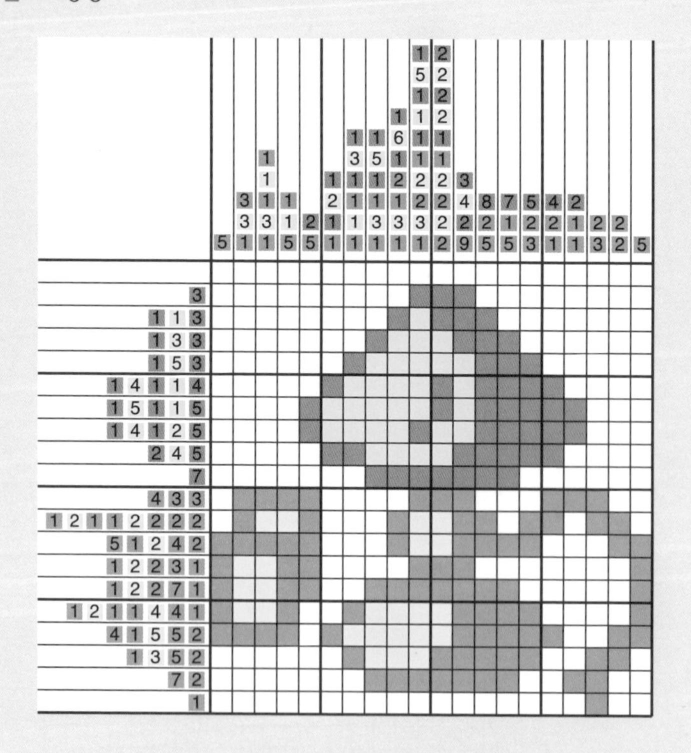
5
3 3 1
1 1 1 3 1
1 1 1
2 5
1 2 1 1
1 3 1 1 1
1 5 1 1 3 1
1 6 1 2 1 3 1
1 5 1 1 1 1 2 2 3 1
2 2 2 2 1 1 2 2 2 2
3 4 2 9
8 2 5
7 1 5
5 2 3
4 2 1
2 1 1
2 3
2 2
5
3
1 1 3
1 3 3
1 5 3
1 4 1 1 4
1 5 1 1 5
1 4 1 2 5
2 4 5
7
4 3 3
1 2 1 1 2 2 2 2
5 1 2 4 2
1 2 2 3 1
1 2 2 7 1
1 2 1 1 4 4 1
4 1 5 5 2
1 3 5 2
7 2
1

[문제 30] - 7교시

컬러 로직을 풀고 그림을 확인해 보시오.

〈정열의 꽃〉

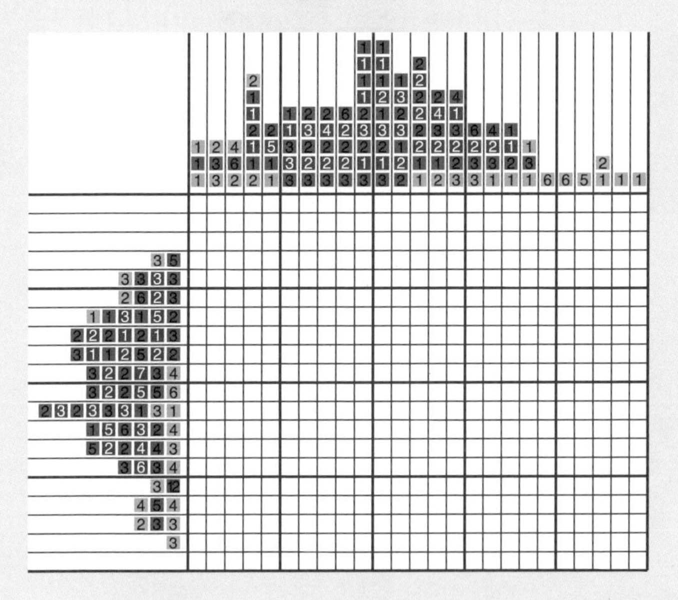

풀이 30

정답 장미

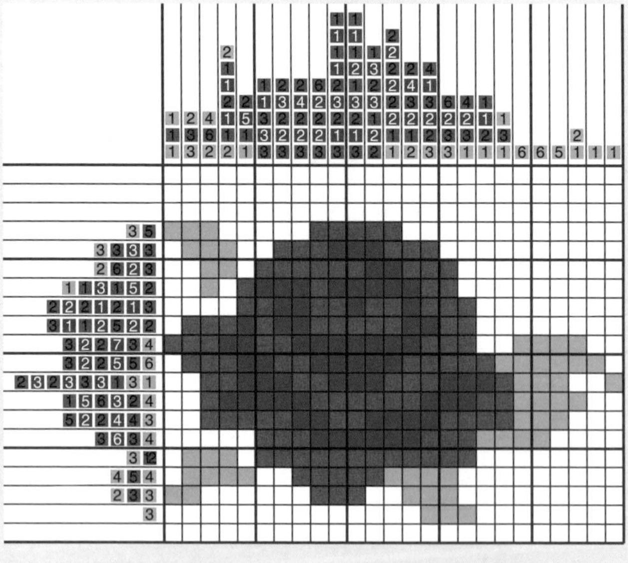
1 1 1
2 3 3
4 6 2
2 1 1 2 1 1 2
2 5 1 1
1 1 3 3 3
2 3 2 3 3
2 4 2 2 3
6 2 2 2 3
1 1 1 2 3 2 1 3
1 1 1 2 1 3 2 1 3
2 2 1 3 3 1 2 2
2 2 2 2 2 1 1
4 1 3 2 2 2
3 2 3 3
6 2 3 3
4 2 2 1
1 1 2 1
1 1
6
6
5
2 1
1
1
3 5
3 3 3 3
2 6 2 3
1 1 3 1 5 2
2 2 2 1 2 1 3
3 1 1 2 5 2 2
3 2 2 7 3 4
3 2 2 5 5 6
2 3 2 3 3 3 1 3 1
1 5 6 3 2 4
5 2 2 4 4 3
3 6 3 4
3 12
4 5 4
2 3 3
3

[문제 31] - 7교시

컬러 로직을 풀고 그림을 확인해 보시오.

〈이번엔 색깔이 있는 강아지 ○〉

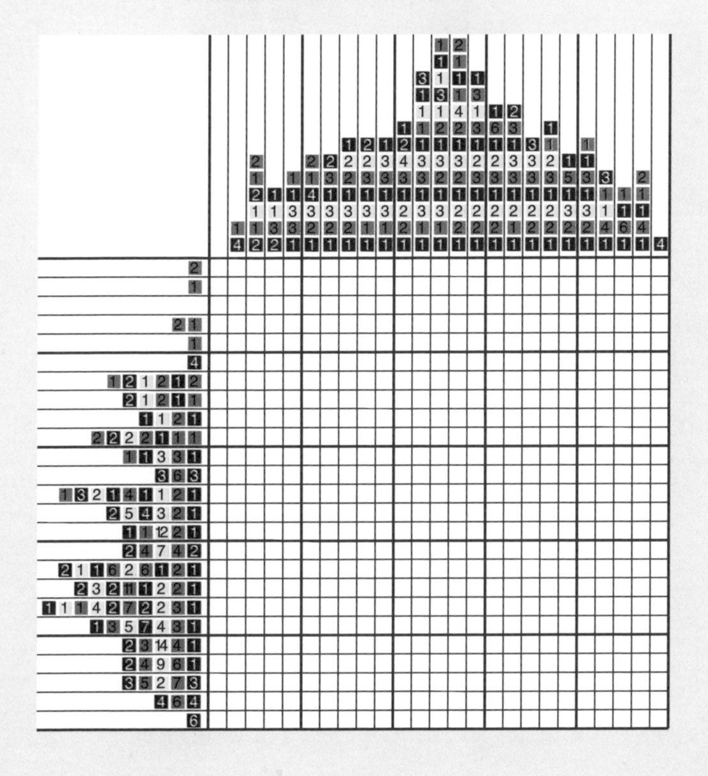

정답 똥

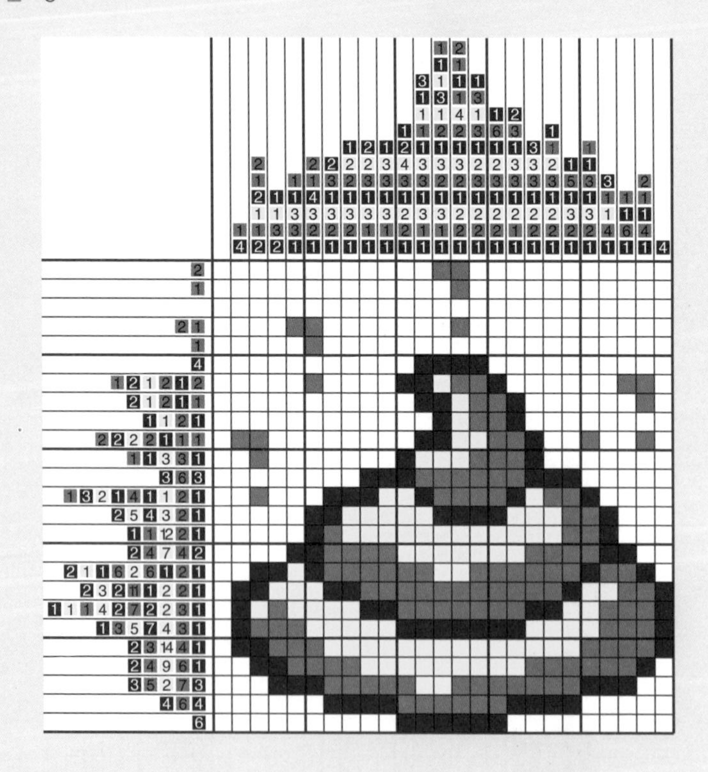

[문제 32] – 5, 6교시

로직을 풀고 그림을 확인해 보시오.

〈노란색 바다 해면동물입니다〉

열	힌트
1	16 1
2	15 1
3	15 1
4	9 2 4
5	4 3 1 5
6	5 1 1 7
7	6 5 1 7
8	6 2 2 1 8
9	3 1 3 1 1 8
10	6 1 3 1 1 9
11	6 1 3 1 1 7 1
12	6 2 2 1 1 3 1
13	5 1 5 1 1 3 1
14	4 3 3 1 3 1
15	15 7 1
16	9 1 7 1
17	4 3 4 1 1 1 3 1
18	5 1 2 1 3 1 3 1
19	6 1 3 1 2 1 3 1
20	6 1 3 1 1 7 1
21	3 1 3 1 1 9
22	6 2 2 1 8
23	6 5 1 8
24	5 1 2 7
25	4 3 1 7
26	9 1 1 5
27	15 3
28	15 1 1
29	16 1
30	18

행	힌트
1	30
2	30
3	30
4	8 11 9
5	4 3 4 2 3 3 5
6	5 2 3 4 2 2 6
7	6 6 7
8	5 4 6
9	4 5 2 5 5
10	3 2 2 1 2 2 4
11	3 1 3 1 1 1 3 1 4
12	3 1 3 1 1 1 3 1 4
13	3 1 3 1 1 1 3 1 4
14	3 2 2 1 1 2 4
15	4 5 3 4 5
16	1 2 1 1 1 2
17	1 2 2 1 1 1
18	1 1 6 1 8 1 1
19	2 2
20	1 3 3 1
21	5 5
22	22
23	7 2 7
24	7 2 7
25	20
26	20
27	18
28	4 2 4
29	2 2
30	12

정답 스폰지밥

열	1	2	3	4	5	6	7	8	9	10	11	12	13	14	15	16	17	18	19	20	21	22	23	24	25	26	27	28	29	30
	16 1	15 1	15 1	9 2 4	4 3 1 5	5 1 1 7	6 5 1 7	6 2 2 1 8	3 1 3 1 1 8	6 1 3 1 1 9	6 1 3 1 1 7 1	6 2 2 1 1 3 1	5 1 5 1 1 3 1	4 3 3 1 3 1	15 7 1	9 1 7 1	4 3 4 1 1 3 1	5 1 2 1 3 1 3 1	6 1 3 1 2 1 3 1	6 1 3 1 1 7 1	3 1 3 1 1 9	6 2 2 1 8	6 5 1 8	5 1 2 7	4 3 1 7	9 1 1 5	15 3	15 1 1	16 1	18

행	힌트
1	30
2	30
3	30
4	8 11 9
5	4 3 4 2 3 3 5
6	5 2 3 4 2 2 6
7	6 6 7
8	5 4 6
9	4 5 2 5 5
10	3 2 2 1 2 2 4
11	3 1 3 1 1 1 3 1 4
12	3 1 3 1 1 1 3 1 4
13	3 1 3 1 1 1 3 1 4
14	3 2 2 1 1 2 4
15	4 5 3 4 5
16	1 2 1 1 1 2
17	1 2 2 1 1 1
18	1 1 6 1 8 1 1
19	2 2
20	1 3 3 1
21	5 5
22	22
23	7 2 7
24	7 2 7
25	20
26	20
27	18
28	4 2 4
29	2 2
30	12

[문제 33] – 5, 6교시

로직을 풀고 그림을 확인해 보시오.

〈전 세계에 알려진 유명 인사입니다〉

열	1	2	3	4	5	6	7	8	9	10	11	12	13	14	15	16	17	18	19	20	21	22	23	24	25	26	27	28	29	30	31	32	33	34	35
힌트	3 5	3 2 5	4 2 5	4 2 5	5 2 5	5 3 4	6 2 2 5	7 3 1 5	8 2 1 4	7 3 4	7 3 4 4	6 2 7 3	7 1 9 4	7 14	8 15	7 14	7 9 1 2	3 6 10 5	2 11 5 7	1 10 9 2	3 20	3 18	1 9 4 1	2 8 4	3 10 4	11 3	1 3 3 1	2 2 3 1	4 3 1	3 1	4 1	7 1	4 1	4 1	3 1

행	힌트
1	1 1
2	2 2 2
3	8
4	2 2
5	7
6	11
7	15 1 2
8	17 3 4
9	18 1 2 4
10	13 2 1 3
11	5 13 3 1 3
12	7 10 5 2
13	6 15 3
14	6 12 3
15	3 8 3
16	15
17	17
18	17
19	15
20	14
21	8 3
22	8 2
23	11
24	11
25	4 6
26	3 6
27	6 3 6
28	7 4 4 3
29	35
30	6 6 4 2
31	5 7 4
32	5 3
33	3 3
34	3 2
35	2

정답 해리 포터

Column clues (left to right):

1	2	3	4	5	6	7	8	9	10	11	12	13	14	15	16	17	18	19	20	21	22	23	24	25	26	27	28	29	30	31	32	33	34	35
3 5	3 2 5	4 2 5	4 2 5	5 2 5	5 3 4	6 2 2 5	7 3 1 5	8 2 1 4	7 3 4	7 3 4 4	6 2 7 3	7 1 9 4	7 14	8 15	7 14	7 9 1 2	3 6 10 5	2 11 5 7	1 10 9 2	3 20	3 18	1 9 4 1	2 8 4	3 10 4	11 3	1 3 3 1	2 2 3 1	4 3 1	3 1	4 1	7 1	4 1	4 1	3 1

Row clues (top to bottom):

Row	Clue
1	1 1
2	2 2 2
3	8
4	2 2
5	7
6	11
7	15 1 2
8	17 3 4
9	18 1 2 4
10	13 2 1 3
11	5 13 3 1 3
12	7 10 5 2
13	6 15 3
14	6 12 3
15	3 8 3
16	15
17	17
18	17
19	15
20	14
21	8 3
22	8 2
23	11
24	11
25	4 6
26	3 6
27	6 3 6
28	7 4 4 3
29	35
30	6 6 4 2
31	5 7 4
32	5 3
33	3 3
34	3 2
35	2

[문제 34] - 5, 6교시

로직을 풀고 그림을 확인해 보시오.

〈동화지만 슬픈 결말〉

세로 힌트 (Column clues, left to right)

1. 3 3 3
2. 5 4 5 1 2 2
3. 16 1 5
4. 10 3 1 5
5. 3 5 2 2 4
6. 1 10 5
7. 8 5 3
8. 4 2 6
9. 14 4 2
10. 1 4 2 4 6 1 2
11. 5 2 1 9 4
12. 1 4 2 14 2
13. 1 5 2 15
14. 1 1 2 2 15
15. 1 1 1 2 1 14 2
16. 1 1 1 2 13 1 2
17. 1 1 2 11 4
18. 6 2
19. 5
20. 2 5
21. 1 2 4
22. 4 2 4 2
23. 2 1 2 4 1 2
24. 4 3 4
25. 6 2 4 2
26. 9 4
27. 8 4
28. 7 5 3
29. 2 1 12 2 2
30. 1 2 6 7 1 5
31. 4 9 2 1 5
32. 2 8 2 1 2 2 4
33. 7 1 2 4 5
34. 4 2 3
35. 2

가로 힌트 (Row clues, top to bottom)

1. 4 1 1 2
2. 9 2 1 1 2
3. 5 5 2 1 4
4. 4 7 2 1 2
5. 13 2
6. 5 5 3 3 1
7. 7 3 3 2
8. 10 3 4 4
9. 6 5 1 9
10. 3 1 1 3 4 4
11. 2 4 3 3 4
12. 8 2 2 3 4
13. 11 1 1 2 6
14. 2 5 3 4 2 2
15. 2 4 4 2 3
16. 2 1 5 3
17. 1 8 2 2
18. 2 9 1 2 2 2
19. 2 9 4 2 1 2
20. 1 9 2 2 4
21. 1 8 3 2
22. 8 3
23. 8 5
24. 19 2
25. 18 1 2
26. 15 4
27. 3 11 2
28. 1 2 7
29. 4 2 3
30. 1 5 2 1 2
31. 7 2 1 2 4 2
32. 5 2 1 2 4 1 5
33. 3 1 2 4 2 7
34. 4 2 5
35. 2 3

정답 인어 공주

가로 열쇠 (위에서부터)

- 4 1 1 2
- 9 2 1 1 2
- 5 5 2 1 4
- 4 7 2 1 2
- 13 2
- 5 5 3 3 1
- 7 3 3 2
- 10 3 4 4
- 6 5 1 9
- 3 1 1 3 4 4
- 2 4 3 3 4
- 8 2 2 3 4
- 11 1 1 2 6
- 2 5 3 4 2 2
- 2 4 4 2 3
- 2 1 5 3
- 1 8 2 2
- 2 9 1 2 2 2
- 2 9 4 2 1 2
- 1 9 2 2 4
- 1 8 3 2
- 8 3
- 8 5
- 19 2
- 18 1 2
- 15 4
- 3 11 2
- 1 2 7
- 4 2 3
- 1 5 2 1 2
- 7 2 1 2 4 2
- 5 2 1 2 4 1 5
- 3 1 2 4 2 7
- 4 2 5
- 2 3

세로 열쇠 (왼쪽부터)

- 3 3 3
- 5 4 5 1 2 2
- 16 1 5
- 10 3 1 5
- 3 5 2 2 4
- 1 10 5
- 8 5 3
- 4 2 6
- 14 4 2
- 1 4 2 4 6 1 2
- 5 2 1 9 4
- 1 4 2 14 2
- 1 5 2 15
- 1 1 2 2 15
- 1 1 1 2 1 14 2
- 1 1 1 2 13 1 2
- 1 1 2 11 4
- 6 2
- 5
- 2 5
- 1 2 4
- 4 2 4 2
- 2 1 2 4 1 2
- 4 3 4
- 6 2 4 2
- 9 4
- 8 4
- 7 5 3
- 2 1 12 2 2
- 1 2 6 7 1 5
- 4 9 2 1 5
- 2 8 2 1 2 2 4
- 7 1 2 4 5
- 4 2 3
- 2

[문제 35] - 5, 6교시

로직을 풀고 그림을 확인해 보시오.

〈스스로 불에 타 죽고 그 재 속에서 다시 살아납니다〉

열	힌트
1	4 3 4 4 1
2	2 4 2 5 6 1
3	5 6 2 2 2 3 3 1
4	8 6 2 2 1 5 1
5	1 3 2 2 2 2 4 1
6	4 9 3 2 2 2
7	3 8 4 2 2 2
8	3 7 4 2 3 3
9	9 1 2 2 2 3
10	9 1 3 2 2 3
11	1 7 2 3 2 3 3
12	11 1 2 2 2 3
13	10 2 1 8 3
14	11 2 7 3
15	3 6 2 1 1 1 3 3
16	4 7 2 7 3
17	4 6 2 7 4
18	1 4 7 1 4 2 4
19	1 2 5 2 3 3 4
20	1 1 10 3 3 4
21	1 1 8 8 5
22	2 2 2 9 5
23	1 1 1 13 6
24	1 4 10 7
25	2 6 10 9
26	20 12
27	4 12 14
28	2 1 8 15
29	1 2 5 2 10
30	4 1 1 8
31	9 1 10
32	9 11
33	7 2 2 9
34	6 2 1 8
35	8 2 9
36	10 1 2 11
37	3 9 16
38	4 2 2 2 1 1 13
39	3 6 2 11
40	3 3 2 1 10

행	힌트
1	1
2	1
3	2 2
4	3 1 3 3 1
5	3 1 2 3 1
6	1 2 2 6 2 1
7	1 2 3 1 6 4
8	2 2 3 3 4 3 1 2 2
9	2 3 3 6 3 2 2
10	2 3 10 2 5 1
11	4 13 3 6 2
12	1 12 3 2 12
13	15 2 2 11
14	3 12 2 3 8 2
15	16 4 4 11
16	19 6 3 5
17	3 1 10 7 4 2
18	1 2 8 7 2 2 2
19	2 2 6 7 3 2
20	2 2 4 7 1 1
21	2 2 2 6 1
22	5 2 2 9
23	7 2 3 5
24	2 3 5
25	3 2 5 2 2
26	3 4 7 2 1 2
27	4 8 2 2 2
28	4 10 3 2 3
29	7 4 3 4 3 2 2
30	2 3 5 4 3 2 4
31	3 7 6 4 2 5
32	4 11 5 3 6
33	2 4 16
34	5 5 17
35	11 18
36	3 4 20
37	3 24
38	1 33
39	35
40	40

정답 불사조

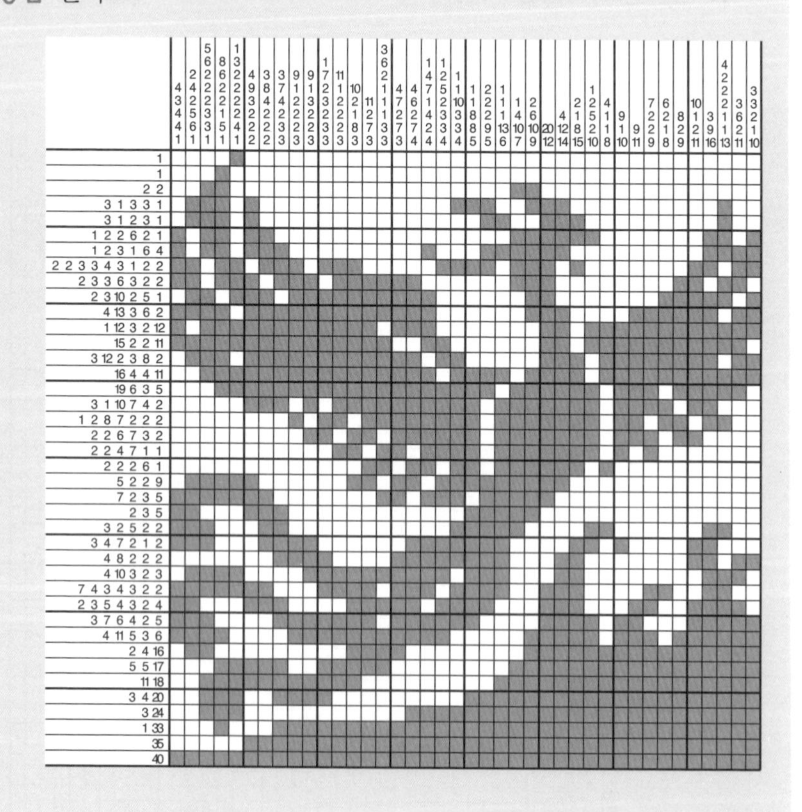

[문제 36] – 8교시

나만의 로직을 만들어 보시오.

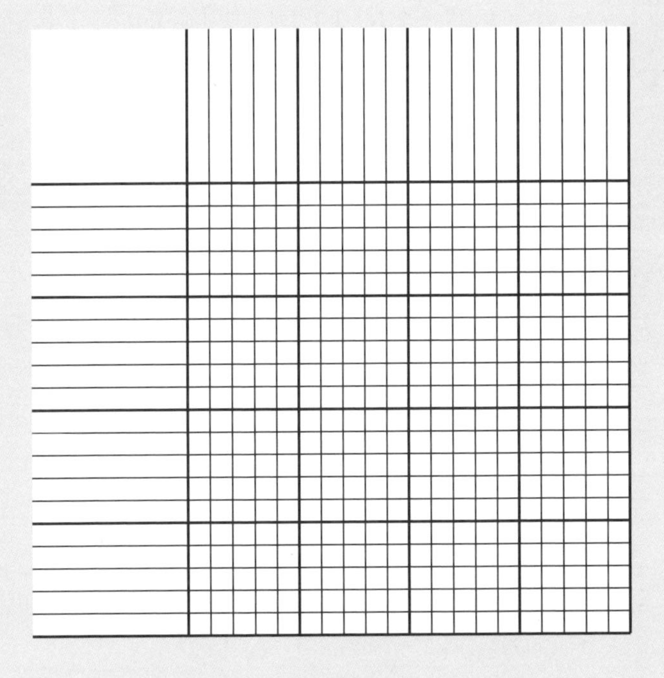

정답 나만의 로직을 만들어 봅시다.

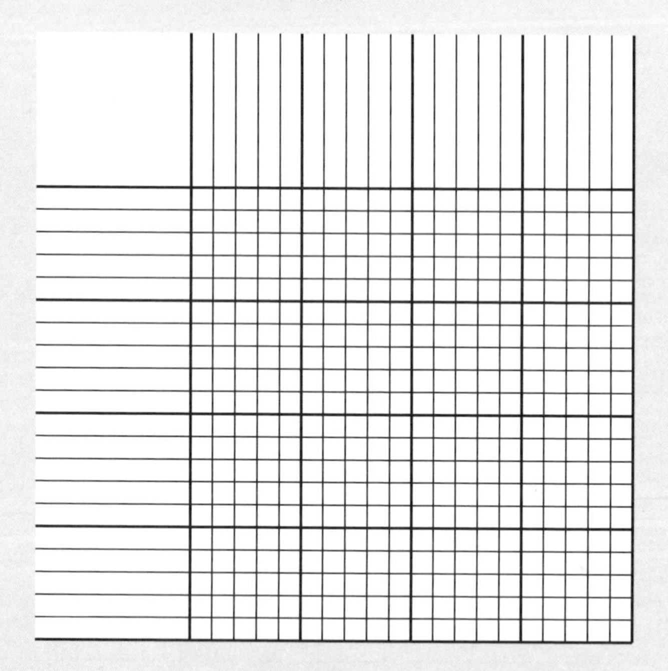